GMO 유해성 논쟁의 실상

경 규 항

에듀컨텐츠·휴피아
ECH Educontents·Huepia

에듀컨텐츠·휴피아
ECH Educontents·Huepia

머 리 말

GMO에 대한 근거없는 주장과 의혹은 종류나 숫자를 헤아릴 수 없을 만큼 많다. 처음에는 알레르기를 포함하는 식품안전성, 신의 영역 침범, 종의 장벽 허물기, 안전성 평가방법에 대한 이견 등이 주요 주제였다. 그러나 시간이 지나면서 반GMO 주장은 점차 괴담 수준으로 발전해서 각종 암, 불임, 치매, 자폐증 등 우리 현대인들이 우려하는 질병의 유발은 물론 인도의 가축폐사와 농민의 자살, 제초제로 인한 아르헨티나 농부들의 참상 등으로까지 변질되었다. 대부분이 외국의 NGO들이 주장하는 의혹을 그대로 국내로 전파시킨 것들로서, 우리들과 거리가 먼 얘기들이 우리를 혼란스럽게 만들고 있다.

우리나라의 반GMO 활동은 변질을 거듭해서 정부의 농업과학기술 연구의 방향과 식품표시 정책에까지 영향을 미치기 시작하였고, 이로 인한 우리 사회의 갈등은 도를 넘었다. 이러한 사회적 갈등을 조정하기 위해 우리나라 정부는 막대한 세금을 지출하고 있으나, 갈등 조정자로서의 역할은 아쉽게도 미미하다.

대부분의 일반 국민들은 GM식품에 대해 '막연한 불안감'을 가지고 있다. 다시 말해 명확하게 무엇 때문에 불안하다고 콕 집어서 말할 수는 없으나 왠지 모르게 불안하게 느낀다는 것이다. 이러한 현상은 지극히 당연하다고 하겠다. 저자 본인도 여러 해 동안 우리나라 정부의 GM식품안전성연구회와 GM식품안전평가위원회에서 GMO에 대해 많은 경험을 하지 않았다면, 아마 일반 국민들처럼 막연한 불안감을 가지고 있을지도 모른다.

일반 국민들 중에서 GMO에 대한 과학적 사실을 알기 위해 자발적으로 시간과 노력을 투입하는 사람은 거의 없을 것이다. 우선 GMO는 일반인들의 주요 관심거리가 아니다. 혹 GMO가 중요한 사회적 이슈이기 때문에 GMO에 대한 자료를 읽어보고 싶어도 식품과학, 유전학, 독성학 등에 어느 정도 전문성을 갖추지 않고서는 이해하기 어려운 부분이 다소 많다.

그러나 GMO에 대하여 적극적인 찬 · 반 활동을 하는 사람들은 당연히 GMO관련 글을 읽어 자신에게 필요한 정보를 얻는다. 이 사람들은 자신과 같은 생각을 가진 자기편 전문가의 의견을 찾을 뿐이지, 객관적으로 균형잡힌 정보를 얻기 위해 노력하는 것은 아니라는 조사결과가 있다. 이러한 경향은 대체로 찬 · 반GMO 양쪽 진영이 다 마찬가지라고 한다.

GM식품의 안전성에 대한 부정적인 의혹을 전파하여 GM식품에 대한 혐오감을 자극하는 데에는 그럴 만한 이유가 있다. 첫 번째 부류는 일부 조직화된 친환경농산식품과 유기식품 영업자들이 자기들의 영업에 유리한 환경을 조성하기 위해 NGO인 것처럼 위장하고 또는 NGO들과 협력하는 사례라고 하겠다. 그리고 두 번째 부류에는 순진하거나 공명심이 많은 사람들이 속한다고 볼 수 있다. 자기가 속한 그룹 내에서 조직에 대한 자신의 충성심을 드러내 보이기 위해 목소리를 높이는 사람들이 그 예이다.

평소에 존경해 마지않는 식품학계 선배 원로교수 한 분이 언급한 말이 머리에서 사라지지 않는다. GMO에 대한 불안감과 공포는 어두운 밤의 공포와 같아서 날이 밝으면 씻은 듯이 사라진다는 것이다. 어두워 잘 보이지 않을 때 길 위에 아무렇게나 떨어져 있는 새끼줄이 뱀으로 보여 기겁했다는 일화가 있듯이, 우리가 어떤 사안에 대한 내용을 잘 모를 때는 전혀 근거없는 의혹을 팩트로 착각하는 경우가 있다. 날이 밝아 새끼줄을 새끼줄로 인식하는 순간 어두웠을 때의 두려움은 사라지듯, 일반 국민들이 GMO에 대한 팩트를 알고 나면 GMO에 대한 불안감이 사라지리라는 것이 전문과학자들의 생각이다. 그래서 커뮤니케이션 활동을 하며, 이 책도 그 활동의 일환이다.

이 책은 GMO에 관심이 있고, GM식품의 안전성 및 GM작물의 유해성 이슈에 대한 팩트를 필요로 하는 전문가들을 위해 집필하였다.

필요한 경우 전문가들이 직접 자료를 찾아볼 수 있도록 하기 위해 가능한 한 충분한 참고문헌을 제시하였으니, 잘 활용하여 GMO 커뮤니케이션 활동에 보탬이 되기를 바란다. 그리고 보잘 것 없지만 많은 노력을 기울여 만든 이 책이 어둠으로 인한 공포와 불안감을 줄여줄 수 있기를 기대한다.

그리고 마지막으로 이 책의 발간을 위해 노력을 아끼지 않은 에듀컨텐츠휴피아 출판사의 이상렬 대표와 문헌수집과 정리를 도맡아 수고한 최진주 박사에게 감사드린다.

2016년 11월

저자 **경 규 항**
세종대학교 명예교수

목 차

GMO

GMO 유해성 논쟁의 실상

경 규 항

에듀컨텐츠·휴피아
ECH Educontents Huepia

에듀컨텐츠·휴피아
Educontents·Huepia

1장. GMO 안전성의 진실

서 론

GMO 정보 현실

유전자변형(GM; genetic modification)기술을 활용해 개발한 작물, 식품 등 전체적인 GMO(genetically modified organisms; 유전자변형생물체)에 대한 안전성이나 환경영향 등에 대해 올바른 정보를 알고 싶어도 치우치지 않은 객관적인 정보를 얻기란 쉽지가 않다. GMO에 대한 정보는 너무 많아서 어느 것이 올바른 정보인지 알 수 없는데다가, 의도적으로 왜곡시킨 정보가 많아서 '객관적으로 올바른' 정보를 얻기가 어렵다. 반GMO측과 찬GMO측의 '올바른 정보'의 개념이 다르고 서로 상반된다는 점(Rhodes & Sawyer 2015)을 잊지 않는 것이 중요하다.

적극적으로 정보를 찾으려고 노력하는 사람들도 유익한 정보를 구하기 어렵지만, 수동적으로 정보를 접하는 일반인들은 우연히 접촉한 정보 이상을 얻을 수 없으며, 우연히 접하는 정보는 대개 부정적인 경우가 많다. 인터넷에서 GMO나 유전자변형(GM)작물/식품을 키워드로 검색하면 대부분이 부정적인 내용이다. 반GMO인사들이 제공하는 정보는 소비자들을 감성적으로 수긍하게 만들고 때로는 분노하게 만들기도 한다.

일반인들은 잘못된 정보를 사실(fact)인 것으로 착각하여 이를 기반으로 판단하며, 이 잘못된 정보를 다른 사람들에게 전파하기도 한다. 소비자들에게 올바른 정보를 제공하는 것이 필요하지만, 일반인들은 어려운 GMO 정보를 읽고 싶어 하지 않을 뿐만 아니라, 일단 굳어진 생각을 쉽게 바꾸지도 않는다(Rhodes & Sawyer 2015). 따라서 옳지 않은 정보가 처음부터 사람들의 생각에 자리 잡지 못하도록 하는 사전 조치가 더 중요하다고 하겠다.

찬 · 반 GMO 활동의 현주소

대부분의 반GMO 의혹이나 주장은 국제 비정부기구(NGO; non-governmental organizations)에서 활동하는 전문가들의 학술적 주장도 있으며, 대개는 GMO를 반대함으로서 자존성을 유지하거나 경제적 이득을 얻을 수 있는 개인들이나 단체들이 인터넷이나 소셜 네트워킹 서비스(SNS; social networking service)(Rifkin 2006, Smith 2006, 2007a, 2010a,b,c,d, 한살림 2016)와 저서(Smith 2007b, Fagan *et al.* 2014a) 등을 통해 퍼트린 것들이다. 이러한 근거 없는 주장이나 의혹이 전파 · 확산될 수 있는 원인은 ① 기본적으로는 소비자들이 유전자나 유전공학과 같은 새로운 기술에 대한 충분한 지식이나 확고한 믿음이 적기 때문이며, ② 사회적으로는 정부나 기업(또는 경영자)에 대한 국민들의 불신이 총체적으로 높아서 정부의 정책이나 기업의 도덕성을 비판하는 NGO들의 말에 현혹되기 쉬운 것도 다른 한 가지 원인일 수가 있다. 그리고 ③ NGO는 국민들을 위하여 봉사하는 단체라고 좋게 생각하는 것도 NGO

활동을 유리하게 만드는 한 요인이다. 그런 이유 때문에 때로는 이익을 목적으로 하는 영리단체가 NGO의 가면을 쓰고 활동하는 경우가 있다. 하지만 NGO는 신기하게도 GMO에 관한 한 진실을 외면하고 있다(Gunther 2014). 이 특이한 현상은 우리나라에만 있는 것이 아니고 세계적으로 공통인 듯하다.

반GMO 단체들은 광범위한 정보 네트워킹을 가지고 있으며 동시에 인터넷이나 서적을 통해 GMO위해성 정보를 입수 · 배포한다. 반GMO 인사들은 그들이 주장하거나 언급한 내용(**표 1**)에 대해 과학적 또는 논리적 설명을 하지 않아도 되고 사회적 및 법률적 책임을 지지 않기 때문에 막무가내식 주장이나 의혹을 만들어낸다. 따라서 그들의 주장은 자극적이고, 자의적이며, 적극적이고, 조직적이며, 극적이어서 팩트를 알지 못하는 일반인들에게는 (또는 심지어는 생물학과 식품학을 포함하는 자연과학에 어느 정도 식견을 가지고 있는 사람들에게까지도) 불안감을 유발시킬 수 있는 커뮤니케이션 기술을 보유하고 있다. 이러한 방법으로 일반인들에게 유발된 불안감을 찬GMO 측에서는 소위 '막연한 불안감'이라고 막연하게 칭한다.

표 1. GMO 관련 부정적인 주장과 의혹

분 류	부정적인 의혹이나 주장	소비자의 우려
인체 안전성	- 실질적 동등성의 불합리성 - 알레르기 유발성 - 항생물질 유전자 문제 - 비의도적 부작용 - 예측불가한 부작용 - 장기 섭취시의 악영향 - 안전성 시험법 부적절 - 정부의 안전관리 부적절 - 발암, 각종 장기손상, 성기능장애, 불임, 조기사망, 자폐증 등의 부작용	- 장기간 섭취시의 악영향/특히 어린이 - 막연한 불안함
사회적 문제	- 비자연적/자연을 거스름/신의 영역 - 식물에 동물성 유전자 도입 - 황금쌀은 트로이 목마 - 식량증산은 불필요/분배의 문제 - 다국적기업 착취수단/종자주도권 - 표시범위 상향 - 비의도적 혼입치 하향 - 이력추적제 도입 - 유기농 피해 - (한국) 정부 GMO 연구 중단요구 - (외국) 남미 농민농약피해, 인도 가축 집단폐사 & 농민자살	- 다국적기업 착취수단/종자주도권 - 비자연적/자연을 거스름/신의 영역 - 미국인은 먹지 않고 수출
환경적 문제	- 생태계 파괴(비표적 생물 피해) - 농약 과다 사용(농약 내성) - 유전자 수평이동(수퍼생물 출현) - 작물 종 다양성 파괴	- 생물다양성의 파괴
GMO 무관	- 글리포세이트 제초제의 유해성	

그러나 찬GMO 인사들의 해명이나 주장은 한마디 한마디가 모두 과학적이고 논리적이어야 하며, 확실한 과학적 증거가 뒷받침되어야 하는 진실성이 필수적이다. 쉽게 표현하면 말의 내용이나 행동 면에서 조심하지 않으면 거센 역풍을 만날 수도 있다. 국내의 찬GMO 인사들은 대체적으로 비체계적으로 활동하고 있으며, 약간의 조직은 있다손 치더라도 반GMO 단체들과는 달리 대체로 조심스러운 행보를 취하고 있다. 반GMO 인사들은 국민들이 자기들 편이라는 생각에 당당한 자세로 전투적으로 임하는데 반해, 찬GMO 인사들은 외국의 부유한 다국적 기업편이라는 도덕성 편견을 극복하지 못하여 당당하지 못한 듯하다.

찬GMO 인사들은 적극적인 반GMO 인사들을 '극단적인 사람들(radicals)'이라고 칭하고 있으며 맞는 말이기는 하지만, 일반 국민들의 눈에는 반GMO 인사들보다는 찬GMO 인사들이 '더 극단적인 사람들'로 비추어질 위험을 안고 있다. 그리고 찬GMO 개인들은 농업이나 식품과 직·간접적으로 관련된 직장에서 풀타임으로 일하면서 시간을 내어 찬GMO 소통활동에 (주동적으로 이끌기보다는) 동조하여 참여하기 때문에 대체적으로 조직과 계통이 없어 일시적 활동에 지나지 않고 활동의 연속성이 거의 없다.

찬GMO 인사들의 소통 동조 활동은 GMO가 사회 이슈가 되었을 때, 이에 대응하여 소극적으로 소통하는 정도에 지나지 않는다. 특히 사회적으로 이슈가 되지 않은 상황에서 GMO 얘기를 자발적으로 이끌어 내어 홍보나 소통활동을 하는 것은 '긁어 부스럼'을 만들 수 있다는 우려 때문에 이슈가 없을 때에는 되도록이면 거론하지 않는다. GMO 이슈가 발생하면 이에 대응하기 위한 해명 세미나를 하고, 그들이 조용하면 이쪽도 따라서 조용해진다. 저쪽이 조용할 때 소통홍보활동을 해야 효과가 더 좋을 것으로 판단되지만, '긁어 부스럼'을 두려워한 나머지 사회적으로 이슈가 아닌 때는 손 놓고 있다가 이슈가 발생하면 대응하기 위해 부산을 떠는 경향이 있다.

관련 정부부처와 식품산업체의 입장과 자세

GMO 연구나 이용에 대한 관리감독 책무를 가지고 있는 정부 소속 행정 및 연구 담당기관도 숨죽이고 있는 모습이다. 반GMO 인사들의 행태와 이들에 의해 조성된 사회분위기가 국가 공무원들마저도 당당하게 GMO 개발연구나 관리 등을 할 수 없는 분위기로 이끌어가고 있다. 이에 농촌진흥기술연구를 담당하는 기관장이 직접 나서서 극단적인 반GMO 여론을 무마하려고 노력하는 분위기이다(황성조 2016, 최명국 2016).

국내 식품가공 산업체들은 non-GMO 프리미엄(premium)을 주고 비싼 옥수수를 사다가 제품을 만들고 있기 때문에 소비자 가격은 비쌀 수밖에 없다. 그리고 국내에서 최고의 GMO 작물 개발기술을 보유하고 있는 한 종자회사는 수십 년간 축적된 GMO 개발기술을 포기하는 결정을 내렸다는 비공식 정보가 있었다. 그 이유는 사회적 반GMO 정서가 두드러진 상황에서 자칫 NGO의 타깃이 되면 국내에서 큰 판매를 유지하고 있는 non-GMO 일반 제품(식품회사)이나 일반 종자(종자회사)의 판매에 지대한 악영향을 미칠 것이 우려되기 때문이라고 한다. GMO가 보편화되어 농산물 원료수급이 원활해지고 가격이 저렴해지기를 원하는 식품가공 산업체들도 그 속내를 쉽게 드러내지 않는다. NGO의 반대운동에 연루될 것을 두려워하여 GMO 소통홍보활동에 적극적으로 참여하지 못한다.

이러한 상황에서 식품의 안전 관리감독 업무를 담당하고 있는 정부 해당부처도 GMO 논쟁에 말려들고 싶어 하지 않는 듯하다. 그래서인지 지난 25년 이상 이어온 GMO의 안전성 등에 대한 논쟁에서 관련 정부 부처(GO; government organization)는 개입하지 않고, NGO 인사들과 찬GMO 인사들이 설전을 벌이고 있다. 민간인들끼리 다투면서 사회적인 갈등이 지속되는 기형적인 사회현상을 정돈하려면 GO가 올바른 방향을 제시해 주는 것이 좋은 방책이라고 판단된다.

2015년 8월 중국 농무부는 정부에서 인증한 GMO는 안전한 것이니 걱정하지 말라는 메시지를 발표해서 사회적 갈등이 불붙지 않도록 교통정리를 했었다(Wang 2015). 그리고 일본은 GMO에 대한 사회적 문제가 잘 정리되어 지속적인 발전을 이루고 있어 우리에게 부러움의 대상이다. 일본에서는 GMO 기술을 활용해 푸른색 장미, 카네이션, 개 치주염치료용 인터페론 딸기가 이미 실용화되어 판매되고 있고, 알레르기 비유발 삼나무 종의 개발은 물론 삼나무 알레르기 예방용 백신을 함유하고 있는 쌀 품종 등의 개발이 종반으로 치달으며 필드테스트와 임상시험을 진행하고 있다(Sato 2015).

우리가 기대하는 바람직한 NGO활동

NGO활동을 국민들이 좋게 보는 이유는 이들이 국가사회와 국민들의 이익을 대변하는 공익활동을 한다고 생각하기 때문이다. 그런데 GMO의 활용이나 GMO의 연구개발에 관한 NGO의 시각은 공익활동과는 거리가 멀다. 가능한 모든 방법을 동원해 GMO의 연구와 활용을 반대하면서, 정부의 GMO 정책 연구용역에 참여하기도 한다. 정부가 정부의 정책과는 다른 생각을 가진 단체에게 정책연구 용역과제를 맡긴다는 것은 논리적으로 맞지 않는다. 혹시 국가정책 용역비가 국가정책을 반대하는 사람들에게 입막음용으로 사용된다면 이제 바뀌어야 한다. 혼선만 불러일으킬 것이 자명하기 때문이다. NGO는 그 NGO의 활동을 후원하는 국민들의 후원금으로 활동해야 진정한 NGO활동이라고 할 수 있을 것이다.

다음과 같은 사회감시자로서의 NGO를 기대해본다. 균형 잡힌 시민단체의 올바른 운동방향을 예로 들어본다면 다음과 같다. '이웃 일본에서는 여러 가지 GM작물이 개발되어 아시아는 물론 유럽까지 수출하는 등 큰 발전을 이루고 있다는데 우리나라 정부는 뭐하고 있느냐?'고 정부를 닦달하는 단체도 있어야 맞을 것이다. 동시에 국민 세금으로 GM작물개발연구의 지원을 받는 연구원들이 'GM작물개발을 위해 무엇을 하고 있는지? 또 성과는 무엇인지?'를 따져 물어야 할 것이다. 한 편으로 채찍질을 하면서 다른 한 편으로는 사기를 북돋아줄 줄 아는 사리분별 있는 NGO 시민사회활동을 기대한다.

GMO 안전성의 소통: 소통과 설득의 차이

이 섹션은 GMO 소통활동을 하는 우리 자연과학자들에게 전하고자 하는 말이다. GM식품의 개발자나 그 분야에 전문지

식이 있는 많은 사람들은 일반 소비자들이 과학에 대해 더 잘 알게 되면 GM작물/식품에 대한 반대 논란이 없어질 것이라고 말한다. 이 말이 맞는다면 문제는 의외로 간단하며 교육 등의 방법으로 해결될 문제이다. 과학에 대한 이해부족이 신과학기술의 수용을 저해하는 주요인이라는 생각을 지식부족 모델(knowledge-deficit model)이라고 칭하는데, 이 모델을 숭상해서는 과학소통에 성공하기 어렵다는 커뮤니케이션 전문가들의 의견이 최근에 대두되어 눈길을 끌고 있다(Rhodes & Sawyer 2015).

과학적 사실과 소통은 다른 문제이다. 우리 과학자들은 소통할 때 과학적 사실과 논리를 즐겨 사용하는데, 이런 소통법은 소통 대상자와 과학자들 사이에 콘크리트 담을 쌓는 것과 같다고 말하는 사람도 있다(Eartherton 2014). 소통 대상자와 인간적인 대화가 필요하다는 지적이며, 소통을 설득과 혼동하지 말아야 한다고 충고한다(Rhodes & Sawyer 2015).

그리고 특이한 것은 식품이나 농업과 관련한 새로운 기술에 대한 반대나 논란은 그 기술이 처음 개발되었을 때 발생하는 것이 아니고 실용화 단계에서 발생한다는 점이다. 그래서 어떤 신기술을 실용화할 때까지 기다렸다가 소비자들에게 이해시키려고 노력하기 보다는 개발초기 단계에서부터 소통을 시작해야 마찰이나 반감이 적다는 얘기들을 한다(Hotchkiss 2001). 그런데 GMO는 그 단계를 벗어나 이미 반감이나 갈등이 고조되어서 상황이 매우 어려워졌다는 것을 염두에 두고 안전성 이슈의 심층 분석을 수행하였다.

본 저술에서는 GMO에 대하여 막연한 불안감을 가지고 있는 국민들에게 올바르고 논리적인 GMO 정보를 제공하여 우리나라 국민들의 GMO 인식도와 수용도의 향상을 이루고자 하였으며, 동시에 GM 작물 기술개발에 대한 호의적인 사회적 공감대를 형성하여 첨단 농업과학 발전을 위한 환경조성에 공헌하고자 하였다.

그리고 우리가 GMO 소통을 할 때 염두에 두면 좋을 내용을 부록에 추가하였다.

본 론

1996년부터 주요 GM작물이 본격적으로 상업화되면서 GMO에 대한 논란이 거세게 불어 닥치기 시작하였다. 그 논란의 주장은 'GMO는 자연에서는 일어나지 않는 인위적인 기술을 사용해서 만들어 낸 비자연적인 것'이어서 전통 육종방법에 의해 개발한 작물과는 다르며 그로 인한 위험성을 염두에 두어야 하기 때문에 안전성평가와 규제가 전통 육종작물과는 달라야 한다는 것이었다. 그 주장에 대해 개발자 측에서는 'GM기술은 전통 육종방법의 연장선상에 있고, GMO라고 해서 non-GMO에서 나오지 않는 특이한 위험성이 나타날 가능성은 없다'고 해명하였다.

어느 쪽도 상대를 충분히 설득시키지 못해서 논란은 약 20년이 지난 지금 2016년까지 팽팽하게 대립하고 있다. 정부는 정부대로 반GMO 단체들의 큰 목소리에 주눅이 들어 결단력 있는 행정을 취하지 못하고, 식품가공업체는 업체대로 시민 소비자 단체의 눈치를 보고 있으며, 소비자는 확신성 없는 불안감에 사로잡혀 불안해하고 있다. 누구에게도 이득이 되지 않으며 언제 끝날지도 모르는 소모적 논쟁이 지속되는 양상이다.

GMO와 과학

GM작물의 개발이 가능한 과학적 배경

유전자라는 것은 특정한 기능을 가지는 단백질이나 RNA를 생성하도록 만드는 DNA의 정해진 구간이다. 한 염색체는 DNA 한 분자이고 이 분자에는 수많은 유전자가 들어 있는 구조이다. 보통 동식물의 세포에는 같은 염색체를 한 쌍씩(배수체; diploid) 가지고 있는데, 사람이 품종 개량목적으로 이를 변경시킨 밀이나 여러 가지 많은 농작물의 경우에는 그 보다 많은 배수(multiploid)를 가진 품종이 흔하다.

염색체에는 많은 유전정보가 있지만 유전의 기본 단위는 유전자이며 유전자 하나에는 단백질(또는 RNA) 하나를 만드는 정보가 들어있다. 그런데 유전정보를 담고 있는 DNA 분자는 이 지구상에 있는 모든 생물에게 공통이다. 기본적인 핵산염기(base)는 물론 구성방법이나, 핵산 염기의 순서를 해석하여 단백질을 만드는 유전 암호(genetic code)도 동일하여 이 암호는 아무 생물체에 두루 맞는다고 해서 만능암호(universal code)라고 부른다. 이와 같이 모든 생물의 유전물질이 동일하게 DNA이며 암호까지도 'universal'한 바로 이 점이 유전자를 재조합하는 기술을 가능하게 만드는 가장 중요한 요소인 것이다. 만일에 세균의 유전물질이 다르고 식물, 동물의 유전물질이 달랐다면 GM기술이 생겨날 수 없었을 것이다.

이와 같이 DNA가 모든 생물의 공통되는 유전정보를 담는 그릇이라는 점이 이 세상에 있는 모든 생물은 한 공통된 조상으로부터 진화해왔다는 것을 보여주는 아주 중요한 단서라고 보고 있다(Harmon 2010).

DNA가 유전물질이라는 사실을 알게 된 것이 불과 한 세기도 되지 않았고(Avery *et al.* 1944) 그 구조가 밝혀진 것은 그보다 약 10년 정도 뒤이기 때문에 (Watson & Crick 1953) 나이 많은 사람들은 유전자나 DNA에 대해 많은 지식을 가지고 있지 못하다. 그런데 DNA가 유전과 관계있는 물질이라고 하니 신비스러움과 두려움을 느낀다. 작물의 유전자재조합으로 인해 유전자에 무엇인가가 잘못되면 큰일 날 것으로 생각한다.

모든 동식물은 유전정보를 담고 있는 DNA를 세포내에 가지고 있으므로 우리가 먹는 모든 음식에는 DNA(유전자)가 들어있다. 우리가 한 끼 식사에 먹는 DNA의 길이가 150,000Km나 된다고 한다(이창용 2000). DNA는 식품의 정상적인 성분이기 때문에 미국 식품의약품안전청(FDA; U.S. Food and Drug Administration)에서는 DNA를 안전한 식품첨가물을 나타내는 GRAS(generally recognized as safe)로 인정한다. GRAS란 미국 FDA가 정한 개념으로서, 알려진 화학 구조나 오랫동안 사용한 경험으로 보아 객관적으로 안전하다고 인정할 수 있는 식품첨가물로서 미국 연방식품의약품화장품법의 구속을 받지 않고 사용과 사용량에 대한 법적제한이 없다.

자연적 vs 비자연적 과학적 개념의 차이

GMO를 만들려면 먼저 대상이 되는 유용한 유전자를 찾아내어 이를 플라스미드(plasmid) 벡터에 넣어 복제시키고, 이 유용 유전자와 함께 이 유전자를 새로운 작물에서 작동하게 해주는 촉진유전자(promoter gene), 신호서열(signal sequence), 종결서열(termination sequence)과 합쳐서 한 개의 유전자 카세트(gene cassette)를 만든다. 이 유전자 카세트를 희망하는 식물종에 녹음기 카세트처럼 넣어주기만 하면 유용 유전자를 가지는 새로운 GM식물종을 만들 수 있기 때문에 카세트라고 명

명했다고 해석할 수 있다. 요즘 세대는 카세트를 사용하지 않기 때문에 이해가 안 될 수 있으나, 카세트는 USB 메모리 스틱이나 CD(compact disk)와 같다고 생각하면 된다.

라운드업 레디 제초제(Roundup-Ready®) 내성 GM옥수수의 개발을 예로 들어 설명해보고자 한다.

제초제 라운드업(Roundup® 즉 글리포세이트; glyphosate)에 견디는 효소를 생산하게 만드는 유용 유전자인 *EPSPS* 유전자를 일종의 토양 박테리아인 아그로박테리움 튜미페이션스(*Agrobacterium tumefaciens*) CP4라는 세균에서 찾아낸다. 유전자 카세트를 이루는 DNA 4조각 중에 2개(*EPSPS* 유전자 & 종결서열)는 토양 박테리아로부터, 신호서열 CTP는 화초식물인 페튜니아(petunia)로부터, 다른 하나인 촉진유전자 (35S)는 컬리플라워 모자익 바이러스로부터 가져온 것이다(ISAAA 2014). 그리고 때로는 여기에 유전자재조합이 성공적으로 이루어졌는지를 알 수 있게 해주는 선택용 마커 유전자(selective marker gene)를 넣기도 한다.

이 유전자 카세트를 작물에 넣으면 원하는 특성(예, 제초제 글리포세이트 내성)을 가지는 GM 작물이 개발된다. GMO를 반대하는 사람들은 이런 과정이 자연계에서는 일어나지 않는 인위적인 과정이므로 자연을 거스르고 신의 영역을 침해한다는 주장이며(Dixon 2004, Meyer 2013), 다른 종(species)은 물론 다른 생물계(kingdom)에 속하는 생물에게까지도 유전자를 주고받을 수 있으므로 생물계에 존재하는 자연 차벽이 무용화되므로 안 된다는 주장이다. 동종간의 교배에 의하지 않고, 한 생물종에 있는 유전자를 인위적으로 다른 생물종으로 옮겨주기 때문에 비자연적이라는 생각을 가지고 있다.

사람들은 전통육종은 자연적으로 그냥 얻어지는 것으로 생각하지만, 방사선조사 등을 통한 (돌연)변이유발 방법이 전통적인 신품종 육종방법으로 활용되고 있으며, 전통육종으로 개발한 신품종이라고 해도 유전자 돌연변이에 의해 변형된 결과물이다. 이러한 육종방법도 인위적이고 비자연적이지만 농작물 신품종으로 아무 문제가 없다. 재배용 식용작물은 잡초와는 달리 자연환경에 적응 능력이 크게 저하되어 자연환경에서 스스로 생존하기가 어렵거나 불가능하다. 따라서 재배용 작물은 사람들이 잡초를 뽑아주거나 제초제를 뿌려주든지 또는 살충제를 살포해주어야 한다. 이런 면에서 보면, 모든 재배 농작물은 이미 비자연적이라고 할 수 있다.

새로운 과학기술 도입을 부정적으로 접근하면 우리가 현대사회를 사는 것 자체가 비자연적이다. 전기를 사용하고, 컴퓨터와 휴대폰에 의존하며, 현대식 아파트나 기타 주거시설에서 살면서 양복을 입고 자동차나 비행기를 타고 이동하는 것 모두가 자연적이 아니다. 정말 자연적이려면 전화를 사용하는 대신 발로 걷거나 뛰어가서 직접 만나 말해야 한다. 현대 사회를 살면서 자연적이냐 비자연적이냐를 따지고 구분하려는 것은 의미가 없다. 현대문명의 혜택은 혜택대로 누리면서 과학을 통한 문명의 발전을 비판하거나 반대하는 것 자체가 비자연적이다.

2015년 재배 고구마의 자연적 유전자재조합 증거가 발표되자 GMO를 반대하는 사람들은 또 용케도 그에 대한 새로운 논리를 만들어 냈다. 자연에서 유전자가 수평이동(horizontal gene transfer)하여 자연 유전자재조합체가 만들어지면, 자연은 이들 소수의 재조합체에 대해 대응하며 적응할 수 있는 아주 긴 기간이 있지만, 사람이 만들면 순식간에 수백만 헥터에 씨를 일시에 뿌리게 되어 자연 대응이 불가능하다고 주장한다(GM Watch 2015). 그 뿐만이 아니라 자연적이라고 해서 다 안전한 것은 아니라고 주장하면서 하늘에서 돌(운석)이 날아 와 사람이 다칠 수도 있다며, 설령 자연에서 유전자재조합이 발생한다고 해도 인위적으로 만든 것은 규제를 벗어나서는 안 된다고 주장한다.

과학이나 논리로 이해시키기 어려운 사람들이 있으며, 이 사람들은 자기들의 생각을 바꿀 의도가 없다고 볼 수밖에 없다. 사람들은 자신의 생각을 바꾸기 어려우며(Rhodes & Sawyer 2015), 자신의 생각에 반하는 논리나 주장을 접하면 자신의 주장을 강화시킬 다른 정보를 찾는다고 한다.

GMO에 대한 이해를 증진시켜 인식을 좋게 하고 수용도를 향상시키기 위해 우리 자연과학자들이 하는 것처럼 올바른 정보를 제공하면, 반대하는 사람들은 자기들이 봤을 때 올바른 정보를 찾기에 혈안이 된다. 정보가 올바르다는 것의 '올바르다'는 단어가 의미하는 것은 그 사람이 어느 편에 서있는가에 따라 다르다는 정확한 지적이 있었다.

이종간의 유전자 이동

자연에서도 종의 장벽을 넘어 또는 근연종이 아닌 때에도 유전자 이전이 일어난다. 아주 좋은 예가 식물에 나타나는 근두암종(crown gall)으로서 식물의 DNA 속으로 세균의 DNA 조각이 침투된 케이스이다. 이 경우는 단지 종의 장벽을 넘었다기보다는 생물계(biological kingdom)를 초월해서 박테리아에 있는 유전자가 식물로 이동되는 케이스이다.

그리고 우리가 잘 알고 있다시피 암호랑이와 수사자 간에 이종 간 교배로 라이거가 태어나고, 암말과 수탕나귀 사이에 노새가 태어나는 것 등은 이종 동물 교배에 의해 탄생되는 것이다. 이속잡종(intergeneric hybrid)이나 이족잡종(interfamilial hybrid)도 드물지만 생긴다(Wikipeidia 2016d). 따라서 이종 간의 유전자 이동이 비자연적이기 때문에 윤리성에 문제가 된다는 주장은 하나는 알고 둘은 모르는 주장이며, 한 생물계의 유전자가 다른 생물계(kingdom)의 생물에까지 유전자가 전달되는 예도 앞에서 언급했었다. 이상과 같이 자연계에서 세균의 DNA가 식물로 자연적으로 이동되고, 동물에서도 이종 간의 교배에 의한 잡종이 태어난다.

작년 2015년 5월에 벨지움, 중국, 페루 및 미국 전문 연구원들이 공동으로 눈에 뜨이는 획기적인 자연현상을 발견하여 학술지에 보고하였다(Kyndt *et al.* 2015). 재배 고구마의 게놈(genome) 내에 토양 박테리아인 아그로박테리움(*Agrobacterium rhizogenes* 추정)에 있는 것과 같은 DNA 서열이 들어 있다는 사실을 발견하였는데, 이는 자연에서 유전자재조합 현상이 있었다는 증거인 셈이다. 다른 291개 재배품종도 시험해 보았을 때, 이 DNA 서열이 모든 재배 고구마 종에 다 같이 들어있는 것으로 나타났다. 그러나 재배품종이 아닌 야생종에는 그 DNA 조각이 들어 있지 않았던 점으로 미루어보아, 아마도 이 DNA의 조각으로 인해 재배 고구마 종에 재배에 유리한 어떠한 특성이 생겨났고 그 유전적 특성이 후대로 유전되어 내려온 것으로 추정할 수 있다고 하였다.

이 사실로 보아 재배 고구마 종은 자연적으로 유전자재조합된 것으로써 자연에서 종간 장벽(species barrier)을 뛰어 넘어 유전자가 이동된 좋은 증거라고 할 수 있다는 것이다. 원핵생물(procaryote)인 박테리아의 유전자 조각이 진핵생물(eucaryote)인 고구마로 이동해서 고정화되어 후세대로 유전되는 것은 진화와 재배화되는 과정에서 생겨난 것으로 추정하고 있다. 이 사실을 발견한 과학자들은 이 새로운 과학적 증거가 GM작물 개발로 인해 생물계에 존재하는 종간 차벽을 인위적으로 무력화시키기 때문에 GMO를 반대한다는 주장을 잠재울 수 있을 것이라고 예측하였다(Kyndt *et al.* 2015).

참고로 아그로박테리움(*A. rhizogenes*) 종으로부터 재배 고구마로 이동한 DNA는 고구마에 잔뿌리가 많이 생기게 하는 유리한 특성을 주었을 것으로 추정하고 있다(Jones 2015). 이는 다른 아그로박테리움 종(*A. tumefaciens*)이 토마토를 포함하는 여러 가지 식물체에 근두암을 만들게 하는 것과는 다른 특성이다(Gleason 1995).

그리고 이종(interspecies)이나 이속(intergenera) 간에 교배로 형성된 배(hybrid embryos of interspecific & intergeneric crosses)는 성숙하지 못하여 열매(씨)를 맺지 못하기 때문에 외관으로는 교배가 일어나지 않는 것으로 생각되지만, 실제로는 교배가 일어나서 배(embryo)가 만들어지기까지는 하나 여러 가지 이유로 인해 이들 배가 발달하지 못하여 살아있는 씨가 만들어지지 않을 뿐이다.

이와 같은 이종/이속간이 만들어진 배가 성숙하지 못하고 죽는 것을 교배 후 장벽(post-fertilization barrier)이라고 말한다. 이종 간에 만들어진 이러한 미성숙 배를 실험실에서 길러서 온전한 식물체로 발달하게 만드는 기술을 배구제(embryo rescue) 또는 배배양(embryo culture)이라고 한다(Sharma *et al.* 1996). 배구제 기술은 교배 후 장벽을 초월하여 새로운 작물을 개발하는데 쓰이는 기술로서, 현재 농업현장에서 작물 개량에 유용하게 활용되고 있다.

GM기술이 전통육종법과 다르지 않다는 해명

GMO 기술은 세균이나 다른 생물 종에서 유용한 유전자를 찾아내어 이것을 다른 생물(예, 식물)에 집어넣어 새로운 성질을 가지는 유용한 생물을 만들어내는 첨단 과학적인 방법이다. GMO 기술은 자연계에서 일어나는 현상을 천재적으로 조합해서 자연을 능가하는 유용 생물체를 개발해 낸 과학기술의 창의적인 성공 케이스라고 할 수 있을 것이다.

새로운 과학기술이 자연에서 일어나지 않는 것이라거나 전통적인 육종방법과는 다르다고 해서 문제될 것이 없고 부끄러운 일도 아닐 것인데 처음부터 GM작물은 자연 육종 작물과 다르지 않다고 방어적으로 주장하다보니 이를 해명하기 위해 필요이상의 에너지를 낭비하고 있음은 물론 전체적으로 수세에 몰리는 모양세가 되었다.

GMO 상업화 초기에 GMO가 기존의 전통 육종법과는 다른 방법으로 개발되었기 때문에 위험할 수 있다는 반GMO 인사들의 주장에 대해 해명을 하다 보니 다음과 같은 개념이 도입되었고, 이로 인해 주장과 반박이 이어지고 있다고 볼 수 있다.

GMO 기술은 자연에서 일어나는 과정이 아니고 인위적이며 전통 육종과는 다르다고 주장하는 반GMO 인사들의 주장에 대해 친GMO 인사들은 'GMO는 전통 육종방법의 연장선상에 있고'(extension of traditional breeding method)(Monsanto Press Release 1999, Fagan *et al.* 2014b, Kolehmainen 2016)' '인류는 수천 년 동안 농작물을 유전적으로 변형시켜 왔다'(We have been genetically modifying crops for millennia)'고 대응해왔다. 그리고 '인류가 수세기동안 사용한 선택육종법도 작물의 유전자를 변형시켜 얻는 것이므로, GM작물은 전통육종 작물과 다르지 않다'(conventional breeders have been genetically modifying crops for centuries by selective breeding and that GM crops are no different)고 정리하려고 한다(최낙언 2016).

즉 GMO라고 해서 특별한 기술이 들어간 것이 아니고 전통육종과 동일한 기술을 활용했다는 의미를 주려고 노력한 점이 눈에 띤다. 반GMO 인사들은 이러한 설명에 수긍하지 않고, GM 기술은 특별한 것이 있으니까 특허를 출원/등록했을 것임에도 불구하고, 소비자들에게는 GMO가 전통육종과 다르지 않다고 말하는 것은 앞뒤가 맞지 않는다고 맞대응한다(Fagan *et al.* 2014c).

이러한 일련의 해명에 대해 반GMO인사들은 '찬GMO인사들이 GMO와 전통육종의 경계를 모호하게 만들려고 일부러 잘못된 논리를 갖다 붙인다'고 주장하며, 찬GMO쪽의 이러한 주장은 억지라는 것이다. GM작물이라 함은 '유전자재조합

(recombinant DNA technology)기술'을 적용해서 개발한 작물을 지칭하는 것이므로 GM작물과 전통육종작물은 명백히 다르다는 것이다.

비슷한 맥락에서 유전자재조합을 생명공학(biotechnology)이라고 부르는 사람들이 있는데, 그 사람들도 용어를 [의도적으로] 잘못 쓰는 것이라는 주장이다. 〈Biotechnology〉는 아주 광범위한 용어이며, 생물을 인간생활에 유용하게 사용하는 여러 가지 다양한 프로세스이다. 예를 들면 각종 발효, 제빵, 퇴비, 조직배양, 농업 등 아주 많은 것이 망라된다. GM기술은 여러 가지 많은 〈biotechnology〉 중에 한 가지이지 그 자체가 〈biotechnology〉라고 하기에는 어폐가 있다고 주장하면서, 찬GMO 인사들은 기존 육종기술과 논란이 되는 GM기술을 소비자들이 혼동하게 만들기 위해 노력하고 있다고 혹평한다(Fagan *et al.* 2014d).

위에서와 같이, 말하자면 좀 군색한 해명을 해야 하는 발단은 GMO가 전통육종과는 달라서 위험할 수 있다는 반GMO 인사들의 초기 주장에 대해, 'GMO가 전통육종과 다르지 않다는 논리'를 개발하다보니 어쩔 수 없이 나오게 되었을 것으로 추정된다.

GMO 위해성 의혹과 주장

GMO 위험주장의 사회적 배경

반GMO 인사들이 GMO가 전통육종법과 다르고 안전성 위협요소가 있다는 것을 여러 국가들이나 국제기구의 법령을 예로 들어 정당화한다(Koechlin 2006). 유럽연합 지침(EU directive 2001/18/EC; The European Parliament and the Council of European Union 2001)에 의하면 GMO에 대해서, 그리고 '바이오안전성에 대한 카르타헤나 의정서(Cartagena Protocol on Biosafety to the Convention on Biological Diversity[Secretariat of the Convention on Biological Safety 2000])에 의하면 LMO(living [genetically] modified organisms)에 대해서 환경위해성평가를 수행하도록 정하고 있다.

여기서 환경위해성평가란 인체건강과 환경에 미치는 부정적인 영향을 두루 포함한다. 그리고 국제연합(United Nations)의 국제식품규격(Codex Alimentarius Commission 2009)도 GM식품에 대해서는 위해요인(hazard)이 있는지, 영양균형상의 문제점 또는 기타 식품안전 위협요인이 있는지를 검토하고, 이러한 사실이 발견된다면 그것을 기존의 non-GMO와 비교 평가하도록 정하고 있다.

이상과 같이 유럽 법령이나 국제기구에서 전통 육종방법으로 개발한 non-GM작물과는 달리 GM작물/식품에 대해서는 안전성 평가를 수행하도록 규정한 것을 근거로 GM작물의 안전성은 전통 육종작물과 동일하지 않다고 주장한다. 우리나라도 GM식품에 대해 식품안전성 평가를 받도록 식품위생법 제18조(법제처 2016)에 규정하고 있고, GM농산물을 먹도록 정한 나라 대부분은 각 나라 나름대로의 GM식품의 안전성 평가제도를 두고 있다.

근거없는 부작용 주장 사례들

GMO에는 예측 불가능한 위험한 부작용이 있다고 주장하는 사람들이 있다(Fagan *et al.* 2014e, Smith 2007b). 이와 같은 GMO 불안감 주장에 동조하는 사람들 중에는 의사, 분자생물학자, 농민, 환경론자, 농경제학자 그 외 여러 직종의 사람들이 있다. 그리고 그들은 GMO를 도덕적으로 나쁘게 인식되게 만들려고 노력한다. 담배가 인체에 해롭다는 연구결과를 담배회사들이 감추는 것처럼 바이오텍 회사들이 GMO가 위험하다는 연구 자료를 감춘다고 주장하기도 한다(Doreen 2010).

2016년 아주 최근에는 우리나라에서 많은 인명사고를 냈던 가습기 살균제 옥시(Oxy)를 GMO 논란에 들고 나온 사람들도 있었다(박지혜 2016). 이와 같은 공포를 주는 스토리는 개인 및 집단의 블로그를 타고 들불처럼 퍼진다. 반GMO 인사들의 의도를 잘 모르는 일반 소비자들이 이런 스토리를 접하게 되면, 쉽게 공감하고 공분을 느끼게 되어 GMO를 악으로 분류한다. GMO 개발사들을 담배회사나 큰 인명사고를 자초한 살균제 제조회사와 연관시켜 건강과 관련하여 나쁜 이미지를 연상하게 만드는 것은 생명공학회사를 비도덕적인 기업으로 프레이밍(framing)하려는 의도일 수 있다.

이와 같은 우려에 대해 전문가 집단에 속하는 일부 분자생물학자들이 거들어준다. 한 생물체의 유전자를 다른 생물체에 집어넣어 유전자재조합을 하면 의도했던 결과로 그 유전자가 발현되어 새로운 기능을 할 수 있는 것까지는 좋은데, 문제는 예측할 수 없는 의도하지 않은 결과가 나타날 수 있다는 것이다(Strohman 2000).

생물체내에서 유전자는 하나하나가 제각각 따로 작용하는 것이 아니라, 세포나 생물이라는 큰 테두리 내에서 하나의 부품과 같이 작용하기 때문에 유전자 하나 또는 몇 개만을 따로 떼어 생각해서는 안 된다는 것이다. 유전자 조각 하나를 유전체 안에 임의의 위치에 집어넣게 되면 세포내에서 다면적인 혼란을 유발하게 된다는 주장이다(Lacey 1998).

1998년에 GM작물은 안전하지 않기 때문에 자신은 GM식품을 먹지 않겠다고 말하여 반GMO 운동에 기름을 부었던 푸스타이(Pusztai) 박사는 1999년 지엠 프리 잡지(GM Free Magazine, Vol.1, No.3 August/September)와 '왜 나는 입을 열 수 밖에 없나?'(Why I can not remain silent?)라는 제목으로 인터뷰를 하였다. GM감자를 똑같은 조건에서 만들어 똑같은 환경에 재배했었는데도 GM감자마다 똑같지 않다고 하였다.

이것은 새로 집어넣은 외부 유전자가 숙주인 감자 게놈의 각각 다른 부분에 들어갔기 때문이며 이렇게 다른 부분에 들어가면 숙주의 게놈에 미치는 영향이 다르다는 것이다. GM개발자는 외부 유전자를 숙주 게놈의 어느 부분에 들어가도록 콘트롤할 수도 없고 어디에 들어갈지를 예측도 못한다는 것이다. 이렇게 되면 숙주 게놈의 어떤 유전자는 그 정보가 발현되지 않을 수도 있고 또 어떤 경우는 반대로 발현되지 않던 유전자가 활성화되어 발현될 수도 있다는 것이다.

Fedoroff(2011) 박사가 푸스타이 박사에 대해 전하는 내용에 의하면 그는 GMO를 윌리엄 텔(William Tell)의 사과에 비유하였다고 한다. GM작물을 개발하는 것은 마치 눈을 가리고 사람 머리 위에 있는 사과를 맞추기 위해 활을 쏘는 것과 같다는 비유였다. 자칫 잘못하면 사람이 죽을 수도 있다는 것을 시사하는 말이었다. 생물체란 아주 복잡한데 비해서 우리가 생물체에 대해 알고 있는 지식은 아주 적은 부분뿐이기 때문에 유전자변형체에 어떤 변화가 일어날지 예측조차 불가능하다는 주장이다.

반GMO인사들은 비의도적인 변화로 말미암아 예상하지 못했던 부작용이 나타난다는 주장을 반복하며, 동물실험을 해본 결과, GM식품을 먹으면 불임, 면역조절 이상, 노화촉진을 유발하고, 콜레스테롤 합성, 인슐린 조절, 단백질 합성 등의 조절 이상이 발생할 수 있고 간, 콩팥, 지라, 소화기에 변화가 오는 등 건강에 심각한 위험이 있다는 3류 과학실험을 실어 나른다(**표 2**)(Smith 2006, 2007a, 2007b, 2010c, Doreen 2010). 모두 근거나 책임이 없는 얘기이지만 내용을 모르는 일반인들이 그러한 내용을 접하게 되면 그들이 의도한 프레임에 걸려들게 될 것이다.

표 2. GMO의 부작용 주장 사례

작물	(실험동물)부작용 주장사례	문헌
렉틴도입 감자	(쥐)간 크기 감소/퇴화, 췌장 비대, 뇌성장 지연	Ewen & Pusztai 1999 Wikipedia 2016a
제초제내성 GTS 40-3-2 콩	(생쥐)췌장분비 소화효소 감소, 간 이상	Malatesta *et al.* 2002, 2003, 2008
제초제내성 GTS 40-3-2 콩	(생쥐)고환구조 변화, 정자발달에 악영향	Vecchio *et al.* 2004
제초제내성 NK603 옥수수	(쥐)조기사망, 유방암 발생, 성호르몬, 뇌하수체, 간 이상	Seralini *et al.* 2011
MON863 Bt 옥수수	(쥐)간, 신장 손상, 성장지연 11% GM옥수수가 33%보다 더 심각	Seralini *et al.* 2007, de Vendomois *et al.* 2009
NK603, MON810, MON863 옥수수	(쥐)간, 신장 손상	de Vendomois *et al.* 2009
MON810 Bt 옥수수	(생쥐)면역조절장애	Finamore *et al.* 2008
NK603xMON810 옥수수	(생쥐)간 구조 및 기능 이상, 생식장애	Velimirov *et al.* 2008
불명 Bt 옥수수	(쥐)간과 신장의 조직병리학적 변화	Kilic & Akay 2008
제초제내성 GTS 40-3-2 콩	(쥐)GM콩 먹인 어미 쥐(1세대)에는 이상증상 없으나 새끼 사망률 51.6%(non-GM콩 먹인 어미 쥐의 새끼 사망률 10%), 2세대 성장지연, 성적 성숙지연, 새끼수 감소. 3세대 새끼 쥐 대부분 불임, 새끼를 낳아도 20% 죽음. 숫쥐 고환 변색. 새끼 쥐 크기 작고, 번식력 약화, 새끼 쥐 GM콩 먹이면 사망률 55.3%로 상승	Ermakova 2005
제초제내성 GTS 40-3-2 콩	(햄스터)GM콩 먹인 어미의 새끼 수 적음, 성장 발달 느림. 3세대 성장 & 발달 느림, 새	Domnitskcaya 2010 (Surov, The Voice of Russia)

	끼 사망률 높음, 성체 대부분 불임. 3세대 햄스터 입안에 털이 자람	Baranov *et al.* 2010
Bt 면화(인도)	(양)5-7일내에 1/4이 죽음. 2006년에 10,000마리 이상사망, 2007년에는 더 많이 죽음. 죽은 동물의 장과 간에 병변, 원인을 Bt 독소로 추정. (사람)목화밭 노동자들 알레르기 반응. 2001년 1월-2006년 8월까지 농부 1,920명 자살	GM watch 2006 Kloor 2014 Hardikar 2006 Smith 2006
Bt 면화	면화에 위험 단백질 존재	Smith 2006 [Kirk Azevedo 인용]
Bt & 렉틴 벼	(쥐)면역 변화, 특이항체 반응	Kroghsbo *et al.* 2008
Flavr Savr 토마토	(쥐)위장 출혈, 40마리 중 7마리 죽음	Smith 2010a
트립토판	(사람) 미국인 37명 사망. 1500명 이상 심각한 후유증	Crist 2005 Regal 1999
글리포세이트	(사람)어린이 자폐증(글리포세이트 부작용사례)	Beecham & Seneff 2016

(Smith 2006, 2007a, 2007b, 2010c, Doreen 2010, Dean & Armstrong 2009, Pusztai 2002, Seralini 2011)

인터넷 상에서 GMO의 심각한 부작용 사례를 반복해서 언급하는 몇몇 특정인물들이 있다. 그들이 주장하는 부작용은 현대인들이 민감하며 우려가 큰 건강에 대한 부작용으로서 암 발생, 성기능 장애, 불임, 장기 손상, 비만 등이다. 반GMO 글을 많이 쓰는 대표적인 인물들은 소비자보호 활동가 겸 작가인 제프리 스미스(Jeffrey M. Smith; Institute for Responsible Technology; 2010)와 경제/사회학자 겸 작가인 제레미 리프킨(Jeremy Rifkin 2006, Christensen 2012, PBS 2001, 김민희 2008) 등이다.

리프킨이 처음 GMO 반대운동을 한 것이 1980년대 초반에 개발되었던 얼음 얼지 않게 하는 GM박테리아(ice-minus *Pseudomonas syringe*)였다. 이 GM박테리아는 갑자기 날씨가 추워져도 농작물이 동해를 입지 않도록 만드는 박테리아였고 정부의 허가를 받아 필드 테스트를 하려는 순간 리프킨이 제동을 걸어 필드 테스트를 수년간 지연시킨 적이 있었다. 리프킨의 전략은 단연 겁주기 전략이다. 즉 이 얼음이 얼지 않게 하는 GM박테리아가 자연환경에 뿌려지면 강우 패턴 등 자연현상을 변경시키기 때문에 여러 가지 막중한 자연재해가 일어날 거라고 주장하였다. 엉터리 주장은 말하기 쉽지만 그렇지 않다는 증명을 해보이기는 아주 어려운 것이다(Thompson 2001).

리프킨은 겁주기 전략의 명수라고 할 수 있다. 그는 2001년 미국 공영방송(Public Broadcasting System)과의 인터뷰에서 GMO를 환경에 유출시키는 것은 화학물질 또는 심지어 방사성물질을 유출시키는 것보다 더 위험하다고 주장하였다. 그 이유는 ① GMO는 생명이 있는 것이기 때문에 자연에 한번 유출되면 어떤 일이 일어날지 알 수가 없고, ② 생물이기 때문에 번식해서 숫자가 늘어날 수 있으며, ③ 돌연변이가 생겨날 수 있고, ④ 지구 어디든 이동하면서 번식할 수 있고, ⑤ 리콜(recall)하고 싶어도 회수할 수 없거니와 자연환경으로부터 제거하고 싶어도 제거할 수 없기 때문에 위험성이 크다는 것이다(PBS 2001). 영문을 모르는 일반인들이 사회 유명인사로부터 이런 얘기를 듣고도 GMO에 대해 공포감을 갖지 않을 사람이 얼마나 되겠는가?

항생물질 내성 유전자 이동에 대한 우려

GM식품의 개발에 항생물질 내성 유전자가 마커로 사용되었다면 도입 유전자 산물에 대한 독성 및 알러지 유발성 평가를 해야 함은 물론, 항생물질 내성 마커 유전자가 장내미생물 등으로 이동할 수 있는 가능성과 이로 인해 야기될 수 있는 임상상의 문제점을 반드시 고려해야만 한다. GM식품을 소비했을 때 거기에 들어있는 항생물질 내성 유전자가 사람의 장내세균이나 세포로 이동할 가능성은 매우 희박하지만 이 가능성에 대비해야 한다.

유전자의 수평이동과 관련하여 유전자가 이동되어 발현되었을 때 인축에 미칠 수 있는 영향에 대해 임상학적인 그리고 수의학적인 측면에서의 고려가 필요하다. 여기서 고려할 사항은 다음과 같다.

ⓐ 해당 항생물질에 내성이 있는 세균이 이미 자연계에 많이 있는지?

ⓑ 해당 항생물질이 치료용으로 중요한 항생물질인지?

ⓒ 해당 항생물질을 사용하지 않고 다른 방법으로 치료가 가능한지?

항생물질 내성 마커 없이 GM작물을 만드는 방법이 있는데, 그 중 하나는 유전자 재조합 과정이 끝난 뒤 내성마커를 제거하는 것이며, 다른 하나는 항생물질 내성 마커가 아닌 다른 마커를 쓰는 방법이 있다. 중요한 치료제로 쓰이는 항생물질의 내성 유전자를 마커로 사용하지 않는다. 항생물질 내성 유전자는 상대적인 양도 매우 적고 DNA는 쉽게 분해되기 때문에 수평이동 될 가능성은 매우 낮다는 것이 전문가들의 의견이지만 유전자의 수평이동 가능성과 그렇게 되었을 때의 결과를 가정해 볼 필요는 있다.

우선 식물의 DNA가 미생물 세포나 포유류 동물 세포로 이동되려면 다음과 같은 조건을 모두 충족시켜야만 한다(FAO/WHO 2000).

ⓐ 식물의 유전자가 완전한 한 조각(linear fragment) 상태로 있어야 하며

ⓑ 동물의 장관 내에 있는 핵산 분해효소에 의해 분해되지 않아야 하며

ⓒ 다른 많은 DNA 조각과 세포내 흡수 경쟁에서 이겨야 하며

ⓓ 수용 세포의 핵산 분해효소에 의해 분해되지 않음은 물론 수용 세포가 이 DNA에 의해 형질 전환성(transformation compatibility)이 있어야 하며

ⓔ 유전자가 숙주 세포의 게놈에 삽입되어야 한다.

위에 언급한 여러 가지 조건을 모두 충족시키기가 어렵다고는 하나 유전자의 이동이 있을 가능성이 전연 없다고 누구도 말할 수는 없다. 이 문제를 밝히기 위해 많은 연구가 있었으나 지금까지 식물 DNA에 있던 마커유전자가 동물이나 미생물 세포로 이동했다는 보고는 없다. 쥐에게 많은 양의 세균 DNA를 경구 투여 했더니 이 DNA의 일부가 쥐의 세포와 쥐의 장내 미생물로 이동되었다는 보고(Schubbert *et al.* 1998)는 있었으나 이의 가능성을 부정하는 보고(Beever & Kemp 2000)도

있어서 DNA의 이동에 관한 논란은 그치지 않고 있다. 식물의 DNA가 포유동물의 세포로 이동되어서 안정되게 유지되지 않는다는 것이 지금까지의 결론이다.

GM식품의 위험 증거: 트립토판과 스타링크 사례

GM식품의 위험성을 언급할 때 에르마코바 박사나 세랄리니 박사의 연구 결과보다 훨씬 더 전부터 흔히 인용되던 세 가지 스토리가 있다. GM식품이 생산되기 시작한지 20년이 지난 지금까지 GM식품을 먹고 이상이 생긴 일이 없으므로 GM식품은 안전하다는 주장에 대해, 반GMO인사들(Fagan *et al.* 2014f)은 그건 그렇지 않고 두 가지 문제가 발생한 예가 있는데 그것이 바로 트립토판(L-tryptophan)으로 인한 EMS 증상과 스타링크(StarLink) GM옥수수 알레르기라고 주장한다. 먼저 트립토판 스토리를 기술하고자 한다.

트립토판은 동물체 성장에 아주 중요한 일종의 필수아미노산이기 때문에 성장을 촉진시키기 위해 식품이나 사료에 첨가해서 사용하고자 하는 것이 아이디어였다. 1989년 미국에서 영양보충제로 트립토판을 먹은 사람 중에 37명이 사망하고 1,500명이 넘는 사람에게 신체이상이 생기는 대변고가 발생했다(Slutsker *et al.* 1990, Kilbourne *et al.* 1996, IFST 2014). 이 질병현상을 Eosinophilia-Myalgia Syndrome(EMS)이라 하며, EMS는 호산구(백혈구 과다생산증; eosinophil)에 극심한 근육통증(myalgia)을 동반하고 때로는 신체마비가 나타나는 증상이다. 문제 발생 뒤에 조사를 해보니 문제를 일으킨 트립토판은 당시 전 세계 트립토판 시장의 80% 정도를 석권하고 있던 쇼와 덴꼬(Showa Denko KK)라는 일본의 한 화학회사 제품이었다.

트립토판과 같은 아미노산을 생산하려면 적절한 미생물 균주를 선택해서 발효에 의해 생산한다. 미생물에 의해 어떤 유용물질을 생산할 때 발효 공정보다 회수 정제공정에 더 많은 에너지가 소비된다. 그 이유는 발효액에 미생물이 먹고 자라는 여러 가지 유기 영양소가 있고 발효 과정에서 여러 가지 기타 부산물도 동시에 생산되며, 또 발효 균주가 죽어 분해되면 많은 유기물질이 생성되므로 미생물 발효 후 생산물의 정제에 많은 에너지(돈)가 든다. 즉, 발효액에서 이들 부산물을 제거하여 발효 생성물(예, 트립토판)을 정제하는 공정이 생산원가의 큰 부분을 차지하게 되므로, 발효 산업에서는 정제 공정의 효율화가 중요시된다.

그런데 문제가 발생한 트립토판 제품의 생산기간인 1988년 12월부터 1989년 6월까지 사이에 제조회사는 생산균주를 바실러스 속(*Bacillus amyloliquefaciens*) GM박테리아로 바꾸는 동시에 정제 공정을 단순화했던 시기였다. 특히 정제 공정에서 역삼투압(reverse osmosis) 과정을 단축하고 활성탄(activated carbon)의 사용량을 대폭 줄였던 것으로 나타났다. 그 결과 발효 부산물이나 불순물을 충분히 제거하지 못해 불순물이 트립토판 제품에 들어 있었고, 이 불순물들 중에 어떤 것이 EMS 증상을 일으켰을 것으로 추정되고 있다. 한 보고에 의하면 활성탄소 사용량 감축과 새 균주로의 전환 사이에 유의할 만한 상관관계($r=0.78$, $p<0.001$)가 있다고 하였지만(Belongia *et al.* 1990), 사고의 발생이 트립토판 때문인지 또는 불순물 때문인지 확실하게 밝혀지지 않았다는 주장도 있다(Slutsker *et al.* 1990).

미국 FDA 생물공학 담당자(biotechnology coordinator)였던 마리안스키(James Maryanski) 씨는 '이 사건에서 생명공학이 100% 관계가 없다고 말할 수는 없으나, 다른 원인이 있을 거라는 증거자료는 있다.'고 언급함으로서(Jacobs 2000), 사고 원인의 규명이 쉽지는 않다는 의미를 내포하였다.

사고가 발생했을 때 사용했던 발효 균주가 오비이락으로 GM박테리아였으며, 문제는 트립토판이 아닌 정제불량으로 인한 불순물 때문이라는 사실이 밝혀졌으나(IFST 2014), 사실이 밝혀진 후에도 트립토판 섭취 후 나타난 EMS가 GM박테리아 균주 때문이라는 주장이 끊이지 않았다(Fagan *et al.* 2014f). 믿고 싶지 않으면 믿어지지 않는다는(Rhodes & Sawyer 2015) 사회과학자들의 연구결과가 새삼 떠오른다.

당시 미국에 트립토판 제조사가 6개였는데 쇼와 덴꼬 사 제품만이 문제가 되었었으나, 이 사건 이후 미국 FDA는 미국에서 트립토판 판매를 잠정 중단시켰고(Kilbourne *et al.* 1996) 쇼와 덴꼬 사의 트립토판 제품은 리콜 처분을 내렸다(Jacobs 2000).

이번에는 2000년 가을에 큰 소동이 있었던 스타링크 GM옥수수 혼입사건에 대해 기술하려고 한다. 스타링크 GM옥수수는 식용으로 허가받지 않고 사료용으로만 허가받은 품종이었다. 우리나라에서는 스타링크 GM옥수수가 식용 옥수수 유통과정 중에 소량 섞여 들어왔으며, GMO의 관리를 보다 철저히 해야 한다는 내용이 소동의 전부였고(김영선 2000, KBCH 2010), 혼입된 스타링크 GM옥수수로 인해 알레르기 증상이 나타났었다는 주장은 없었다.

그런데 미국의 반GMO 인사들(Fagan *et al.* 2014f)은 단순한 혼입을 벗어나 미국 소비자들 중에 혼입된 스타링크 GM옥수수 때문에 알레르기 걸린 사람이 꽤 많이(숫자불명) 있었는데 미국 FDA가 잘못 처리해서 단지 20여명만 미국 질병통제예방센터(CDC; Center for Diseases Control and Prevention)에 해당자로 보고하는 실수를 저질렀다고 주장하였다. CDC에 혈액을 제공한 해당자 17명의 혈청 알레르기 테스트를 해보았을 때, 알레르기 증상과 스타링크 GM옥수수 섭취와 관련이 없었다는 결론을 내렸다(Geo-Pie 2002).

GMO 반대자들은 여기서 만족하지 않는다. CDC에서 혈청 알레르기 시험을 할 때 사용한 비알레르기 대조군 혈청의 선정이 적절하지 않았기 때문에 잘못된 결론에 도달했다고 하였다. 즉, 동결해두었던 오래된 것이 아닌 최근의 혈청을 썼어야 좋은 결과가 나왔을 것이라고 하였다.

그리고 CDC는 대장균이 생산한 Cry9C단백질을 사용하였는데, 옥수수에 생산된 단백질과 세균이 생산한 단백질에는 글리코실화(glycosylation)에 차이가 있을 수 있기 때문에 (Prescott *et al.* 2005), 면역성이나 알레르기 유발성에 큰 차이가 있을 수 있다는 사실을 간과해서는 안 된다는 것이었다. 따라서 사람의 섭취와 직접적인 관계가 없는 대장균 Cry9C단백질이 아니고 옥수수에서 생산된 단백질을 사용했어야 맞는다는 주장이었는데, 맞는 말이기는 하지만 시험에 사용할 수 있는 만큼의 옥수수 Cry9C단백질을 구한다는 것은 불가능에 가깝다. 그래서 궁여지책으로 사용된 방법이 GM대장균에서 생산된 Cry9C단백질을 사용했다는 것은 잊지 말아야겠다. 생각하고 말하는 것은 쉽지만 실제로 행하기는 어려운 경우가 아주 많다.

알레르기 주장과 관련하여 스타링크 사건의 전말을 소개하겠다. 2000년 9월 미국의 반GMO 활동연합체인 '유전자변형식품경계(Genetically Engineered Food Alert)'라는 단체가 미국 수도 워싱턴 디씨(Washington, DC) 근교 식료품점에서 구입한 타코쉘(Taco shell)에 식용으로 허가받지 않은 스타링크 GM옥수수가 혼입되어 있는 것을 발견하였다. 이 단체는 이 사실을 공개하면서 미국 FDA가 GMO 식품 관리를 제대로 하지 못하고 있다고 비난하였다. 해당제품은 크래프트 식품(Kraft Foods) 회사가 생산하여 슈퍼마켓에서 판매하던 타코벨 상표(Taco Bell) 타코쉘이었다(Wikipedia 2016e).

추후 조사결과 스타링크 GM옥수수가 미국에서 판매되던 많은 옥수수 제품에 혼입되어 있는 것이 확인되었고, 외국으로 수출된 것에도 혼입이 확인되었으며(Geo-pie 2002), 우리나라 식품의약품안전청에서도 혼입을 확인하였다(김영선 2000). GM농산물 중에서 스타링크가 유일하게 식용으로는 아니고 사료용으로만 허가된 것이었으며, 이 사건 이후 아벤티스(Aventis) 종자회사는 스타링크 옥수수의 판매를 중단하기로 결정하였다(Geo-Pie 2002).

사료용으로만 허가받고 식용으로 허가되지 않은 배경은 아래와 같다. 식품 알레르기를 일으키는 단백질은 보통 분자 크기가 작고, 산과 열에 견디는 특성이 있으며, 위장 분해효소에 의해 잘 분해되지 않는 특성이 있는데, 아벤티스 사가 시험했을 때 Cry9C단백질이 그런 특성이 발견되어 알레르기 유발 가능성이 있었으므로, FDA는 스타링크 GM옥수수를 식용으로 허가하지 않았던 것이다. EPA 과학자문단이 스타링크에 관한 자료를 검토한 결과 스타링크는 중간정도의 알레르기 위험성(moderate allergy risk)이 있다고 판단하였다(Geo-Pie 2002). 그렇더라도 혼입이 발견된 후 2002년까지 우리나라에서 스타링크로 인해 알레르기 증상이 발생했다고 보고된 케이스는 없는 것으로 나타났다.

브라질너트 알레르기 사례: 아전인수

이번에는 브라질너트(Brazil nut) 알레르기 스토리이다. 콩은 단백질 함량이 높긴 한데 단백질 구성 아미노산 중에 황(S)을 포함하는 아미노산(예, 메티오닌, L-methionine)의 함량이 적은 것이 단점이다(Kuiken & Lyman 1949). 반면에 브라질너트는 메티오닌이 매우 풍부한 특징이 있다(Altenbach *et al.* 1987). 이에 1992년에 미국의 파이오니아 하이브레드 인터내셔널(Pioneer Hi-Bred International)사가 브라질너트에 들어있는 메티오닌이 풍부한 단백질을 콩에 유전자 재조합하여 콩의 영양가를 향상시키고자하는 아이디어를 시도하였다.

그런데 개발 도중에 브라질너트에 알레르기 반응을 나타내는 사람들의 혈청이 브라질너트 단백질을 도입하여 개발 중인 GM콩에 알레르기 반응을 나타내는 것이 발견되었다. 이 GM콩에 알레르기를 일으키는 사람들이 non-GM콩에는 알레르기 반응을 나타내지 않았기 때문에 알레르기의 원인은 브라질너트로부터 온 단백질인 것이 자명하였다(Nordlee *et al.* 1996, Taylor 1997). 개발사는 이 GM콩을 상업화하지 않기로 결정하고 프로젝트 중단을 발표하였다.

이 에피소드를 두고 개발자들이나 GM찬성자들은 GM식품의 안전성이 철저하게 검사된다는 것을 방증하는 실질적 예라고 설명하는 자료로 활용한다(Leary 1996). 그렇지만 반대하는 사람들은 "그것 봐라 GMO가 알레르기를 일으킬 수 있지!"라며 GM식품이 위험할 수 있다는 예로 이 에피소드를 활용한다(Smith 2010b). 똑같은 하나의 사안을 두고 서로 다르게 아전인수한다.

저품위 반GMO 과학자 5인방의 불량 과학 연구

반GMO 의혹 주장에 자주 인용되는 과학자들은 스코틀랜드 로윗(Rowett) 연구소의 전 연구원 푸스타이(Arpad Pusztai) 박사, 프랑스 깡(Caen) 대학교의 세랄리니(Gilles-Eric Seralini) 교수, 러시아 한림원(Russian Academy of Sciences)의 에르마코바(Irina Ermakova) 박사, 러시아의 수로프(Alexei Surov) 박사, 그리고 오스트리아의 벨리미로프 (Alberta Velimirov)박사이다.

반GMO 인사들(Smith 2007a, Fagan *et al.* 2014g)이 자주 인용하는 저(低) 품위(品位) 과학자 5인방의 연구내용을 전문가들이 검토한 결과, 모두 실험 디자인, 연구 수행, 결과 해석 등에 심각한 결함이 있는 것으로 밝혀졌지만, 반GMO 활동을 하는 사람들은 아랑곳하지 않고 이 과학자들의 논문을 활용하기를 좋아한다. 이 다섯 과학자의 연구 결과에 대해 과학전문가들의 검토 결과를 아래에 요약하였다.

❶ 푸스타이 박사

[유전자재조합 자체가 위험요인이라는 주장]

- 영국 TV 인터뷰 1998
- GM Free Magazine 인터뷰 1999
- 논문 : Ewen SW & Pusztai A. 1999. Effect of diets containing genetically modified potatoes expressing *Galantus nivalis* lectin on rat small intestine. Lancet 354:1353-1354

푸스타이 박사는 1998년 8월 영국 BBC TV(1998)에 출연하여 스노우 드롭(snow drop)이라는 식물의 렉틴(lectin) 단백질 유전자를 도입한 GM감자를 먹인 쥐의 성장이 느리고 면역기능이 떨어졌다고 발표하면서, GM식품은 안전하지 않기 때문에 자신은 GM식품을 먹지 않겠으며 소비자들을 실험동물(기니피그; guinea pig)로 삼지 말아야 한다고 주장했다(Wikipedia 2016a). 실험동물에게 이러한 부작용을 일으킨 것은 렉틴 유전자 도입으로 발현된 렉틴 때문이 아니고, 유전자재조합 과정(process) 그 자체 때문이라는 주장이 푸스타이 논란의 중심이었다(Geo-pie 2007).

이 방송 내용은 전 세계 각국으로 퍼져나갔고 과학계에 큰 물의를 불러일으키게 되었다. 로윗 연구소(Rowett Research Institute, Aberdeen, Scotland)는 사태의 심각성을 인식하고 그해 10월 자체 감사위원회를 소집해 푸스타이 박사의 연구 데이터 등을 검토해본 결과 GM감자가 쥐의 성장, 기관 성장이나 면역기능에 악영향을 미친다는 결론에 도달할 수 없다는 판단을 내렸다. 이 사태로 인해 GM식품의 안전성에 대한 논란은 더욱 거세어졌고, 푸스타이 박사는 자신이 수십 년간 몸 담고 있던 직장 로웻 연구소에서 해직당했다(BBC News 1998).

이듬해 1999년 영국왕립협회(British Royal Society)는 푸스타이 박사로부터 실험 자료를 제출받아 GMO와 이익관계가 없는 각 해당 분야(통계학, 임상분야, 생리학, 영양학, 정량 유전학, 성장발육학, 면역학) 전문가들에게 검토를 의뢰하였다. 전문가들의 일치하는 의견은 푸스타이 박사의 연구는 실험 디자인이 미숙하였고, 통계 처리가 부적절했으며, 실험결과의 일관성이 부족하였다는 결론에 도달하였다.

이에 영국왕립협회는 푸스타이 박사에게 제대로 디자인하여 재실험을 하고 그 내용을 과학 학술지에 투고할 것을 권장하였다. 그리고 과학 연구 결과를 과학 이해도가 낮은 일반인들에게 공개하기 전에 학술지에 제출함으로서 동료 전문가들의 평가(peer review)를 받는 것이 좋겠다는 권고도 하였다(Fedoroff 2011, The Royal Society 1999).

설령 푸스타이 박사의 연구가 모든 면에서 과학적으로 제대로 수행되어 그 결과가 과학적으로 맞는 것이었다고 가정하더라도, 동물에 안전하지 않다고 밝혀진 것은 푸스타이 박사팀이 실험용으로 만든 해당 GM감자이지 다른 GM감자까지 그렇다고는 할 수 없다. 푸스타이 박사가 만들어 실험에 사용한 GM감자는 다른 식용 GM감자처럼 안전성 평가를 통과하여 재배와 식용으로 허가 절차를 통과한 것이 아니었다.

이러한 소동이 있는 가운데에도 푸스타이 박사와 그의 동료 유웬(Ewen)은 자신들의 연구결과를 영국의 의학저널인 랜셋(Lancet) 학술지에 게재하였다(Ewen SW & Pusztai A. 1999).

영국왕립협회에서 푸스타이 박사의 연구결과를 분석하여 내린 4가지 결론은 다음과 같다(The Royal Society 1999).

① 푸스타이 박사의 논문은 연구의 설계, 연구 수행과 데이터 분석 면에서 여러 가지 심각한 결함이 발견되었다. 따라서 이와 같은 실험 결과로부터 어떠한 결론을 도출하는 것은 적당하지 않다.
② GM감자가 동물에 부작용이 있다고 해석할 수 있는 명확한 증거는 없었다. GM감자를 먹인 실험동물(쥐) 그룹과 non-GM감자를 먹인 대조군 실험동물 사이에 아주 작은 차이가 관찰되기는 하였으나, 실험 수행상의 기술적인 문제와 통계의 오용으로 말미암아 의미 있는 차이라고 해석할 수 없었다. 특히 각 실험군 당 사용한 실험동물의 수가 너무 적어서 통계적 유의성이 없다는 점이 심각한 오류이다.
③ 실험설계와 부적당한 사료의 선택이 실험의 실패를 예고했다. 사용한 GM감자는 다른 것에 비해 단백질 함량이 20% 정도 부족하여 다른 단백질원을 추가하여 쥐에 먹였는데 그 추가 단백질의 특성이 밝혀지지 않았으며, 그 추가 단백질이 실험에 나타난 차이를 불러일으켰을 가능성을 배제할 수 없다. 실험동물 그룹마다 다른 사료를 투여했으며, 어떤 동물에게는 생감자를 투여하기도 하였다. 그리고 3가지 다른 그룹의 쥐에게 세 가지 다른 종류의 감자를 사료로 사용하였는데, 감자의 성분은 종류에 따라 서로 다를 뿐만 아니라 생감자는 동물에게 유해한 성분이 들어있다는 것이 간과되었다. 사료로 사용한 GM감자는 안전성 검사를 받지 않은 '단지' 유전자 변형된 GM감자였다. 유전자 변형하였으되 안전성 평가를 통과하지 않은 농산물을 어느 것이라도 안전하다고 말할 수 없다. 이러한 상황에서 푸스타이 박사팀은 감자의 성분 분석 등을 수행하지 않은 오류를 범하고, 유전자 변형 자체가 위해 요인이라는 미숙한 결론을 내렸다.

그리고 실험 수행상의 또 다른 문제점은 실험하는 사람이 어떤 쥐에 GM감자를 먹이고 어떤 쥐에 보통 감자를 먹이는지를 알고 있고 있지 않아야 하는데(즉 blind test를 해야 하는데), 실험자가 이를 알고 실험을 수행했기 때문에 실험 수행자의 편향성(unconscious bias)이 부지불식간에 개입될 수 있었다.

④ 푸스타이 박사는 해당 연구를 수행하던 중 부정확한 연구 결과를 공영TV(BBC TV 1998)에 출연하여 그 결과를 일반인들에게 알림으로써 대소동을 일으켰다. 과학자라면 과학계의 관행대로 연구 결과를 전문 학술지에 제출하여 동료 전문가들의 평가(peer review)를 받는 것이 우선이다. 동료 전문가의 평가를 받는다고 해서 그 연구결과 등의 적절성 등을 100% 보장된다고는 할 수 없으나 그래도 그 방법이 순서이다.

해당 분야 전문가(Kuiper *et al.* 1999)들이 푸스타이 박사의 감자 논문(Ewen & Pusztai 1999)에 대한 검토 의견을 같은 저널인 랜셋(Lancet)에 게재하였는데, 그 내용을 아래에 요약하였다.

GM감자가 실험동물에 이상을 일으킨 것은 새로 도입된 유전자가 발현한 단백질 때문이 아니고 유전자재조합을 하는 과정 중에 유발된 성분 조성의 변화 때문이라는 푸스타이 박사의 주장이 논리적으로 맞지 않는다. 그러한 결론에 도달하려면 성분의 차이를 보고했어야 하는데도 불구하고 저자들은 시험에 사용한 사료의 성분조성 데이터를 제시하지 않았다. 그리고 인터넷에 공개한 자료를 보면 저자들이 사용한 GM감자의 전분, 포도당 다당체, 렉틴, 트립신 저해물질, 카이모트립신(chymotrypsin) 저해물질 등의 함량이 GM 감자품종의 모품종과는 다르게 나타났는데, 이런 함량의 차이가 유전자재조합 때문이었는지 또는 자연적으로 나타나는 개체간의 차이(natural variation)인지에 대한 조사를 하지 않고 유전자재조합 과정 때문이었다고 결론짓는 실수를 저질렀다.

실험에 사용한 동물사료의 단백질 함량이 무게 기준으로 6%이어서 단백질 결핍 사료였던 바, 쥐에 단기간이라도 단백질 결핍과 기아상태를 유발시키면 성장속도, 발육, 간의 대사 및 면역 기능에 손상이 온다는 명확한 증거가 있다. GM 사료를 먹은 쥐의 내장 점액층이 두꺼워진 것은 GM식품이 생물학적인 영향을 미친 증거라고 주장하였으나(Ewen & Pusztai 1999), 쥐에게 소화시키기 어려운 감자를 갑자기 먹이기 시작하면 내장에 어떠한 형태로든 적응을 위한 변화가 나타날 것은 자명한데도, 푸스타이 박사는 이를 달리 해석했다. 감자 전분처럼 소화가 어려운 탄수화물을 단기간이라도 먹이면 결장이 커지는 현상이 일반적으로 관찰되는데 이런 현상을 독성작용이라고 말할 수는 없는 것이었으며, 꼭 독성작용인지 알고 싶으면 투여 독성(dose-response) 시험을 하는 것이 정당하다.

각 시험군에 쥐의 수(시험군 당 6마리)가 너무 적었고 균형 잡힌 아미노산을 공급할 수 있는 표준 설치류 사료(15% 단백질; 락토알부민)를 먹이는 대조군이 포함되지 않았기 때문에 불완전 시험이었다. 식품의 안전성 연구에 대한 결과 해석에는 많은 주의가 필요하므로, 반드시 과학계의 동료들에게 데이터를 제시하여 동료 전문가들의 평가를 받을 것을 권고하였다(Kuiper *et al.* 1999).

이 사태 이전에 푸스타이 박사는 로윗 연구소에서 35년 동안 근무하면서 식물단백질인 렉틴에 대한 책 3권을 저술하였고 270편의 학술논문을 게재하는 등 렉틴 분야에서 인정받는 단백질 전문가였다(Fedoroff 2011). 그렇게 유망했던 푸스타이 박사가 공영방송에 나가 유전자를 변형시킨다는 것 자체가 위험 요인이며 GM감자는 위험하기 때문에 자기라면 먹지 않겠다는 등의 인터뷰를 하여 큰 소동을 불러일으킨 것은 과학자로서 개인적인 불찰이었다고 볼 수밖에 없다.

이 사건으로 렉틴 전문가 푸스타이 박사는 35년 몸 담았던 연구소에서 쫓겨난 것은 어쩔 수 없는 자기 실수의 대가라고 하더라도, 평생을 한 가지만 연구하던 자부심 넘치는 과학자가 연구행위의 터전을 잃은 것은 개인으로 봐서는 너무나 가슴쓰린 손실이며, 렉틴단백질 분야의 손실이기도 하다.

❷ 에르마코바 박사

[글리포세이트 내성 GM콩은 쥐의 새끼 수 감소, 생존률과 성장률 감소 주장]

- 2005년 10월 Nutrition and GMOs Session, 11차 Russian Gastroenterological Week에서 구두발표.
- 그린피스와 Institute for Applied Ecology 공동 주최 컨퍼런스(Epigenetics, transgenic plants & risk assessment; 2005)에서 동일한 자료 구두발표. 프로시딩(2006) 출간.

에르마코바(Irina Ermakova) 박사의 실험결과가 국내외에 사회적으로 매우 큰 파장을 일으켰기 때문에 그의 연구결과 등을 자세히 제시하여 이해를 증진시키고자 한다. 에르마코바 박사가 미친 우리나라 사회적 여파는 이 섹션 끝 부분에 첨부하였다.

에르마코바 박사는 러시아 학술단체(Russian Academy of Sciences, Institute of higher nervous activity and neurophysiology) 소속 신경과학 연구원으로 GM콩의 안전성 실험을 수행하여 2005년에 2차례 구두발표했다. 2005년에 구두발표된 것이 2006년에 프로시딩으로 발행되었고, 그 발표 내용에 의하면 non-GM콩을 먹인 어미 쥐의 새끼는 3주 만에 9%(3/33)의 사망률을 보인 반면 같은 기간 동안 GM콩을 먹인 어미 쥐의 새끼는 55.6%(25/45)의 사망률을 보였다고 하였다(**표** 3). 그리고 같은 내용이지만 **표** 4에 있는 연구결과는 2007년에 National Biotechnology 편집담당자 Marshall씨에게 제출된 자료이다. **표** 4의 내용은 **표** 3의 내용과 대동소이하다. 그리고 GM콩을 먹인 어미 쥐의 젖먹이 새끼 쥐는 1주에서부터 3주째까지 지속적으로 죽었으나 non-GM콩을 먹인 어미 쥐의 새끼는 태어난 지 1주째에만 죽었고 그 다음에는 죽지 않았다고 하였다.

표 3. GM콩을 먹인 어미 쥐 새끼의 3주 사망률(1)

어미쥐 사료구분	총 새끼쥐의 수	죽은 새끼쥐의 수	새끼쥐 사망률(%)
대조군 (쥐실험용사료)	44	3	6.8
일반콩	33	3	9.0
GM콩	45	25	55.5

(Ermakova 2006)

표 4. GM콩을 먹인 어미 쥐 새끼의 3주 사망률(2)

그룹	총 새끼쥐의 수	죽은 새끼쥐의 수	새끼쥐 사망률(%)
대조사료	74	6	8.1
GM콩	64	33	51.6
GM콩 분리단백질	33	5	15
일반콩	50	5	10

(Ermakova 제시 자료; Marshall 2007)

그리고 GM콩을 먹인 어미 쥐의 새끼들은 non-GM콩을 먹은 어미 쥐의 새끼들에 비해 체중, 크기 및 각종 장기 등의 성장이 현격히 낮은 것으로 나타났다. 특히 GM콩 첨가 사료 쥐(32.5g)는 non-GM콩 첨가 사료 쥐(평균 62.5g)에 비해 절반 정도의 성장밖에 못하였다(**표** 5).

그리고 장기 중에서 특히 큰 영향을 받은 것은 간(liver)으로서 non-GM콩을 먹인 어미 쥐의 새끼들의 간은 평균 4.3g인데 비해 GM콩을 먹인 어미 쥐의 새끼들의 간은 1.75g으로 상대적으로 아주 작았다고 하였다. 더욱 놀라운 것은 새끼 쥐에 어미젖이 아니고 글리포세이트 내성 GM콩을 먹인 경우 사망률이 50%를 상회했다(**표** 6)는 실험결과이었다.

일반적으로 실험용으로 사용하는 위스타(Wistar) 종 새끼 쥐의 생존률은 1 일째 99% 그리고 그 뒤 3주 동안은 99.5%인데(Aoyama *et al.* 2005), 대조사료를 먹인 쥐의 6.8%(**표** 3)나 8%(**표** 4 & 6)가 넘게 죽은 것은 이례적이며, 그 이유는 실험쥐 사육기술과 환경 및 영양공급 등에 심각한 문제가 있었기 때문으로 판단되었다. 그리고 non-GM콩을 먹인 쥐도 9%(**표** 3)와 10%(**표** 4)씩 죽은 것도 마찬가지로 해석되었다.

이 자체만 해도 위스타 쥐의 통상 사망률의 10배가 되므로, 에르마코바 박사의 실험에는 심각하고 총체적인 결함이 있었다는 점이 공통적인 검토의견이었다. 이렇듯 비정상적으로 많은 실험쥐가 사망하면 사망 원인을 밝혀냈어야 함에도 그러한 노력을 하지 않았다.

표 5. 생후 2주째 새끼 쥐의 체중 분포

그룹	50-40g	40-30g	30-20g	20-10g
대조군	8.2%	38.8%	40.8%	12.2%
일반콩	0	9.7%	77.4%	12.9%
GM콩 분리단백질	0	21%	72.0%	7.0%
GM콩	0	26%	40.7%	33.3%

(Ermakova 제시 자료; Marshall 2007)

14일 기른 위스타 쥐의 무게는 보통 38g ± 3g으로 10% 이내의 차이가 있는 것이 보통인데(Aoyama *et al.* 2005), **표** 5에 있는 바와 같이 대조군마저도 체중 30g에 미달하는 새끼 쥐의 비율이 53%였던 것은 전체적으로 영양 불균형이었거나 동시에 열악한 실험환경이 실험동물에 큰 영향을 미쳤을 것이라는 전문적 견해가 나왔다(Marshall 2007).

표 6. 각각 다른 사료를 먹인 새끼 쥐의 사망률

그룹	총 새끼쥐의 수	죽은 새끼쥐의 수	새끼쥐 사망률(%)
대조사료	74	6	8.1
14% GM콩 함유 사료	72	24	33.3
대조군 사료 + GM콩	64	33	51.6
14% GM콩 함유 사료 + GM콩	89	46	51.7

(Ermakova 제시 자료; Marshall, 2007)

이상과 같이 GM 콩을 먹인 어미 쥐의 새끼들이 50% 이상 사망하는 데도 불구하고 개발자들이나 GMO 관리감독기관 그리고 건강 및 농업관련 기관들은 물론 농축산 현장의 관계자들이 20년 이상을 알아차리지 못했을 까닭이 없었을 것이라고 언급하였다. 그것은 결국 에르마코바 박사 연구결과의 신뢰도에 문제가 있다고 볼 수밖에 없다는 점이 지적되었다(Marshall 2007).

이렇게 부정적인 센세이션을 일으킨 에르마코바 박사의 GM콩 연구결과는 정식 학술지에는 아직 게재되지 않았다. 그럼에도 불구하고 에르마코바 박사의 스토리는 3류 미디어와 인터넷을 통해 크게 확산되었고, 반GMO 단체나 개인에 의해 GMO의 독성작용에 대한 직접적인 증거자료로 많이 인용되고 있다. 이에 생물학 분야에서 명망이 있는 학술지(Nature Biotechnology)의 편집자인 앤드류 마샬(Andrew Marshall)이 에르마코바 박사와 해당 분야 전문가들을 연결시켜 질의응답한 내용을 그 학술지(Nature Biotechnology)에 게재하였다(Marshall 2007).

이 편집자의 글에서 에르마코바 박사의 실험상 오류가 낱낱이 지적되었는데, 그 중에서도 글리포세이트 내성(RR) GM콩, 분리RR콩단백, non-GMO콩 가루(Arcon SJ 91-330종)를 네덜란드 에이디엠(ADM)사에서 구입했다고 했는데, 에이디엠 회사는 100% RR GM콩과 콩 분리단백을 판매하지 않으며, 과거에도 판매한 적이 없다고 하였다. 에이디엠은 GM콩이 섞이지 않도록 구분 유통한 콩 가루를 판매하지 않으므로 에이디엠에서 콩가루를 구입했다면 거의 틀림없이 GM과 nonGM 혼합물일 가능성이 크다고 추정되었다. 그리고 Arcon SJ 콩가루는 에르마코바 박사가 기록한 대로 콩가루가 아니고 단백질의 함량이 70%인 농축 콩단백질(soy protein concentrate)인데, 이것을 콩가루로 대신하여 실험을 했기 때문에 영양상의 균형이 이루어지지 않았을 것으로 추정되었다.

동물실험을 할 때는 균형잡힌 사료의 구성이 중요하다는 것은 다시 강조할 필요가 없다. 그리고 콩의 종류와 출처가 다르므로 콩에 들어있는 항영양소인 트립신 저해물질의 함량이나 에스트로젠 역할을 하는 아이소플라본(isoflavone)의 함량에 대한 분석보고가 있어야 했으나 미비되었다.

그리고 동물을 사육할 때 여러 마리의 쥐를 한 케이지에 넣고 사료와 함께 물을 넣고 믹서로 갈은 콩을 한꺼번에 넣어 주었다. 이렇게 사료를 공급하면 쥐 한 마리가 얼마의 시료를 먹었는지를 알 수가 없다. 여러 쥐 중에서 한 마리가 콩 시료를 다 먹었을 수도 있고, 또는 전혀 먹지 못했을 수도 있다. 케이지 하나에 한 마리씩 넣고 실험을 해야 쥐 한 마리가 정확하게 얼마를 먹었는지 알 수 있었을 것이다.

에르마코바 박사는 쥐 100마리(수컷 52, 암컷 48)를 다섯으로 나누어 20마리씩 5회 반복 실험하였다. 한 실험 당 평균 20마리를 사용하였고 각 4그룹으로 나누었으므로 한 그룹 당 5마리였던 셈이다. 일반 투여 독성실험에서는 그룹 당 10마리 정도도 받아들여지는 때가 있지만 통상적으로 생식독성을 연구할 때의 표준방법(standard protocol)은 암수 각각 20-25마리여야 한다(OECD 1983, Marshall 2007). 그런데 임신한 쥐가 적어도 20마리는 되어야 하므로 넉넉하게 30마리로 시작하는 것이 타당한 데도 불구하고(USFDA 2000) 시료 그룹 당 실험쥐 5마리를 사용하였다.

그리고 RR 콩을 먹인 암수 및 새끼 쥐가 고도의 불안감과 공격성을 나타냈으며, 숫쥐의 고환 혈류에 명확한 병리학적인 변화가 나타났으며 간에는 액포형성이 관찰되었다고 하였으나, 이에 대한 데이터가 제공되지 않았으며, 특히 고환의 혈류 측정 방법이 제시되지 않았다. 전체적으로 에르마코바 박사의 글리포세이트 내성(RR) GM콩 연구에 대한 결론은 전문성이 결여된 미숙한 연구였다는 판정이 내려졌다(Marshall 2007).

그럼에도 불구하고 에르마코바 박사의 불량 과학 스토리는 제프리 스미스(2007, 2010a,b,c)나 다른 사람들(89-101, 160-165 Fagan *et al.* 2014g, Leu 2016)을 통해 퍼져서, 우리나라에도 영향을 미쳐 우리나라 대중들이 즐겨보는 만화 식객(허영만 2007)에도 여과 없이 반영되었다(**그림** 1). 만화 작가는 강기갑(2006)에서 참고하였다고 기록되어 있다. 해당 자료(함께 사는 길)는 찾을 수 없었지만 인터넷 검색을 해본 결과, 민주노동당 소속 국회의원 강기갑과 현애자 두 사람이 2006년 10월 13일 국정감사에서 에르마코바 박사의 동물실험결과를 예로 들면서 '이 GM콩의 (우리나라) 환경위해성 심사에서 서류평가만으로 진행됐고, 동물 위해성실험 등은 단 한 건도 실시하지 않았다.'는 점을 거론했다고 식품전문지(식품음료신문; 류양희 2006)에 기사화되었었다. 이 국정감사에서 강기갑은 'GMO 식품표시제도가 형식적으로 운영되고 LMO의 국가 간 이동 등에 관한 법률의 미시행으로 인해 불법유통이 늘어나서 GMO 안전관리에 구멍이 뚫렸다.'면서 GMO표시기준 개정을 주장했다고 기록되어 있다.

그림 1. 에르마코바 박사의 영향(허영만 2007)

❸ 세랄리니 교수

[글리포세이트 내성 GM옥수수(NK603)와 글리포세이트를 같이 먹인 쥐의 암발생률이 높고 수명이 짧다는 주장]

- Seralini *et al.* 2012. Long-term toxicity of a Round-Up herbicide and a Round-Up-tolerant genetically modified maize; Food Chem Toxicol. 50:4221-4231

세랄리니(Gilles-Eric Seralini) 교수는 프랑스 깡 대학교(University of Caen)의 분자생물학 전공 교수로서, 2012년에 '라운드업 제초제와 라운드업 내성 GM옥수수의 2년간에 걸친 장기 투여 독성시험 결과 라운드업(글리포세이트) 내성 옥수수를 먹인 쥐의 암 발생률이 높았고 수명도 짧았다는 논문을 발표하였다.

위 논문이 출판되자 해당 논문의 부적절성에 대해 과학자들의 많은 비판이 잇따랐고, 식품 화학물질 독성과학 학술지(Food and Chemical Toxicity)의 편집자인 에이 월라스 헤이스(A. Wallace Hayes) 씨는 세랄리니 교수에게 논문 자진철회를 요구했으나 이를 따르지 않자 2013년 11월 논문이 출판된 지 1년 만에 저널출판사가 직접 논문의 철회 결정을 내렸다.

해당 사유는 세랄리니 교수가 사용한 실험동물인 스프라그 돌리(Sprague-Dawley)종 쥐는 수명이 2년 정도이고 암발생률이 아주 높기 때문에 2년이란 기간 동안 장기 실험을 하면 약 80%의 쥐가 암에 걸리기 때문에 많은 쥐를 사용하지 않으면 백그라운드 암 발생을 제대로 반영하는 것이 불가능하다고 하였다. 암 발생률을 연구하고자 하는 쥐 종의 선택에 하자가 있었으며, 이런 연구를 할 때는 한 처리 당 적어도 쥐 65마리를 사용하는 것이 정상인데, 처리 당 단 10마리씩을 사용한 것은 실험 디자인의 결함이었다(Genetic Literacy Project 2015).

유럽의 저명한 식품안전전문가 집단인 엡사(EFSA; European Food Safety Agency 2012)를 포함하여, 독일, 프랑스, 캐나다, 브라질, 뉴질랜드, 덴마크 등 다수의 국가 식품안전관리감독 기관들이 세랄리니 교수의 식품안전성 평가 연구논문은 과학적인 가치가 불충분하다고 혹평하였다(Wikipedia 2016b). 특히 EC(European Commission)로부터 세랄리니 교수 논문에 대한 검토를 요청받은 엡사의 검토 결과 연구의 목적이 불분명하였고, 연구 디자인, 분석 및 연구수행상의 자세한 부분을 기록하지 않은 문제점이 발견되었다. 그리고 실험동물의 숫자(처리당 10 마리)가 매우 적어 데이터에 나타난 암 발생이 사료 때문인지 또는 우연히 발생했는지를 구분할 수 없었다고 하였다.

엡사는 세랄리니 교수 등의 GM옥수수의 안전성 평가 논문은 충분한 과학적 가치를 지니지 못하였다고 판정하였고, NK603 옥수수 및 그의 스택 품종에 대한 안전성 평가를 재개할 의사가 없음을 확실히 하였다(EFSA 2012).

세랄리니 교수팀의 2012년 논문이 저널 출판사로부터 강제 철회되자 약간의 내용 수정을 거쳐 다른 학술지에 'Republished study: long-term toxicity of a Round-Up herbicide and a Round-Up-tolerant genetically modified maize (Environmental Sciences Europe 26:14-31 2014)라는 제목으로 다시 게재하였다. 이 논문은 앞서 철회된 논문과 동일한 과학적 결함을 그대로 가지고 있어 전 세계 과학자들로부터 비판을 받고 있다고 포브스(Forbes)지에 기사화되었다(Entine 2014).

세랄리니 교수는 2012년에 문제의 논문을 게재하기 전에도 GMO는 건강에 위험요인이 된다는 논문을 발표한 전력이 있다. 그는 몬산토 사가 개발한 해충저항성 옥수수 MON863이 쥐의 체중감소, 중성지질 이상 및 소변성분 변화를 유발하고 각종 장기(간, 신장, 부신, 심장 및 조혈 시스템)의 기능을 감소시키거나 손상을 주었다고 발표하였는데(Seralini *et al.* 2007), 이 연구는 그린피스에서 지원받아 수행되었다.

이 논문에서 GM옥수수를 22%, 33% 먹인 쥐보다 11%를 먹인 쥐가 더 큰 부정적인 영향을 받았다는 데이터를 제시함으로서 비전문가들로부터도 비웃음을 받았다(백우진 2016). 이 논문을 검토한 유럽의 전문가들은 이 논문에서 주장하는 이상 증상은 모두 정상 범위 내에 드는 것으로서 통계를 잘못 적용하여 나타난 오류라고 판정하였다(EFSA 2007).

세랄리니 등은 2009년에도 글리포세이트 내성 GM옥수수(NK603)와 해충저항성 GM옥수수 2종(MON810, MON863)에 대한 독성연구를 재분석하여 논문으로 발표하면서, 이 세 가지 GM옥수수는 쥐의 간, 신장과 심장에 해를 미쳤다고 주장했다(de Vendomois *et al.* 2009). 논문의 내용을 검토한 엡사의 GMO 패널은 실험동물의 간과 신장에 독성작용을 나타내는 부작용이 있었다는 저자들의 주장은 근거가 빈약하며, 이 세 가지 GM옥수수가 사람이나 동물의 건강과 환경에 위해를 미칠 것이라는 어떠한 증거도 없었다는 판단을 내렸다(EFSA 2010).

지칠 줄 모르는 세랄리니 교수는 19개 GM농산물(콩과 옥수수)의 동물 실험 논문과 국가별 수입인증(approval)을 위해 생명공학회사에서 제출한 자료를 분석한 리뷰 논문에서, GM식품이 간과 신장에 미치는 손상은 성별에 따라 다르고 투여하는 양에 따라서도 달라지므로 국가 인증을 위한 안전성평가를 할 때는 더 장기적이며 정교한 실험을 해야 한다고 주장하였다(Seralini *et al.* 2011).

세랄리니 교수가 위의 2011년 논문을 게재한 학술지(Environmental Sciences Europe)가 바로 2012년에 Food and Chemical Toxicity 학술지에 실었다가 2013년에 강제 철회되었던 논문을 2014년에 다시 게재했던 바로 그 학술지이며, 임팩트 팩타(impact factor)를 부여받지 못하고 있는 최하위 학술저널이다.

임팩트 팩타란 해당 학술지에 실린 총 논문의 연간 인용빈도를 나타내는 척도로서, 흔히 그 저널이 해당 분야에서 얼마나 권위가 있는지를 나타내는 대용척도로 쓰인다. 따라서 임팩트 팩타가 높으면 권위있는 저널로 인정되며, 낮으면 권위가 낮은 것으로 인정받고, 임팩트 팩타를 부여받지 못하면 학계의 주류에 있지 않고 지역에 머무르는 최하위권의 저널로 인정된다. 우리나라 대부분의 대학에서 교수들의 연구실적을 평가할 때 임팩트 팩타가 없는 저널은 질 높은 연구실적으로 인정하지 않는다.

❹ 수로프 박사

[제초제 내성 GM콩을 먹인 햄스터의 불임과 사망률이 높고, 구강에 털이 자랐다는 주장]

· 2010년 4월 16일 러시아의 소리(Domnitskaya, Voice of Russia, 2010) 라디오 방송국 인터뷰.

· Baranov AS, Chernova OF, Feoktistova NY, Surov AV. 2010. A new example of Ectopia: Oral hair in some rodent species. Doklady Biol Sci. 431(1): 117-120

수로프(Alexei V. Surov) 박사는 Russia Academy of Sciences의 Severtsov Institute of Ecology and Evolution 소속 연구원으로 2010년 4월 16일에 러시아의 소리(Domnitskaya, Voice of Russia 2010) 라디오 방송국과 제초제 내성 GM콩을 먹인 햄스터에 나타난 이상 증상에 대해 인터뷰를 했다.

인터뷰 내용은 햄스터에 2년 동안 GM콩을 먹였더니 GM콩을 먹인 3세대 째의 햄스터는 새끼를 낳지 못하였고, 성장이 느렸으며 새끼 사망률이 아주 높게 나타났다고 하였다. 수로프 박사의 이 발표와 앞서의 에르마코바 박사의 발표가 GM식품의 불임유발 스토리를 구성하는 원전이 되었다.

그들이 수행한 연구의 제목은 'GM작물을 먹인 포유동물의 생리학적 특성 변화(Changing the physiological parameters feeding genetically modified plants)'이었으며 Summer(2011)가 그 연구 내용을 심층 분석하였다. 햄스터에 non-GM콩을 먹인 그룹과 콩을 먹이지 않은 대조군 그룹과 별반 차이가 없는 점으로 미루어보아 non-GM콩에는 위험요인이 없는 것으로 해석하였다. GM콩을 먹인 그룹은 대조군에 비해 성장과 발육에 느린 것으로 나타났고, 역시 다른 종의 GM콩을 먹인 그룹에서는 훨씬 더 심각하게 느린 성장 및 발육 문제가 나타났다. GM콩을 먹인 그룹에서는 느린 성장과 발육 외에도 출산 새끼의 수가 적었고, 비정상적으로 암컷이 많았으며, 불임 비율이 크게 늘었다는 것이었다. 이 연구 결과는 현재까지 학술지에 게재되지 않았는데, 방송 인터뷰에서 수로프 박사는 GM식품의 생물 안전성이 확보될 때까지 러시아 정부는 GM곡물 수입 금지 조치할 것을 제안하였다.

수로프 박사의 이 라디오 인터뷰가 방송되자마자 불과 며칠 만에 이 뉴스는 수백 개의 반GMO 블로그(Smith 2010)나 미디어를 통해 퍼져나갔다. 대부분의 블로그나 황색 미디어는 수로프 박사의 햄스터 사망과 불임 스토리만 싣는 것이 아니고 에르마코바 박사의 GM콩 스토리나 기타 농민들이나 환경론자들의 황당한 얘기를 같이 실었다(Garber 2013).

한 가지 재미있는 에피소드는 호주의 아델레이디 대학(University of Adeleide) 소재 호주식물기능유전학연구센터(Australian Centre for Plant Functional Genomics)의 마크 테스터(Mark Tester) 연구교수가 수로프 박사에게 다음 질문을 했다. '그렇다면 어째서 GM농산물을 20여년 이상 먹어온 미국 사람들이 아직 문제가 없고 수명은 자꾸만 길어만 가는가?' 이에 대한 수로프 박사의 대답이다. 'GMO만 먹어서는 그런 이상증상을 나타내지 못하고 라운드업 제초제를 같이 먹어야 하는데, 미국 사람들이 GMO를 먹을 때 라운드업 제초제를 같이 먹지 않기 때문일 것이다.'라고 대답했다(Garber 2013)고 한다.

2016년 현재 그린피스 홈피(Greenpeace 2016)에 게시된 것으로 이와 같은 맥락의 주장이 하나 있다. 즉 'GMO와 농약; 유독성 혼합물'(GMOs and pesticides: a toxic mix)이라는 제목 하에 글리포세이트 때문에 암 발생이 많아졌고, 파킨슨씨병이나 알츠하이머병의 발생이 많아졌으며, 특히 임신 중인 경우 신생아 선천적 결손증(birth defects) 발생과 관련이 있다고 주장하고 있다.

그리고 수로프 박사의 제3세대 째 햄스터의 구강에는 특이한 공간이 생겼으며 거기에 털이 나는 것이 관찰되었다고 했는데 이 부분은 학술지에 실렸다(Baranov *et al.* 2010). 털이 난 것을 보고한 저널(Daklacy Biological Sciences)도 임팩트 팩타가 부여되지 않은 하위급 지역 학술저널이다.

우선 수로프 등이 수행한 실험의 문제점으로 지적된 것은 암수 5마리씩으로 된 그룹 내에서 3세대동안 한 케이지 내에서 자체 번식시켰기 때문에 유전적으로 다양하지 않아 어떤 유리하거나 불리한 특성이 쉽게 유전되면서 종족의 특성으로 나타나게 될 것이라는 점이다. 적어도 식이그룹 한 가지 당 햄스터 5마리가 아닌 그의 4-6배인 20-30마리를 한 케이지에 한 마리씩 넣고 실험했어야 그 결과로부터 어떤 과학적 결론을 도출할 수 있었다는 것이다.

이와 같은 터무니없이 적은 수의 실험동물 채택은 푸스타이 박사나 에르마코바 박사의 연구에서도 중대 결함으로 지적되었던 바 있었다.

❺ 벨리미로프 박사

[생쥐에 NK603 X MON810 스택 GM옥수수 장기투여가 생쥐의 생식과 장기에 악영향을 미쳤다는 주장]

· Velimirov A, Binter C, Zentek J. 2008. Biological effects of transgenic maize NK603 x MON810 fed in long term reproduction studies in mice.(ed. Cyran N, Gülly C, Handl S, Hofstätter G, Meyer F, Skalicky M, Steinborn R.) Unpublished report: Institute fur Ernahrung, Austria

오스트리아의 Forschungsinstitut für biologischen Landbau 소속 벨리미로프(Alberta Velimirov) 박사 등(Velimirov *et al.* 2008)은 GMO에 대한 다세대 장기 투여실험(multigeneration feeding study)을 하면, GMO의 위해성이 밝혀질 수 있을 것이라는 가설을 가지고 NK603 X MON810 스택 GM옥수수의 안전성을 시험하였다. 오스트리아 농업 및 건강부(Austrian Ministry of Health) 지원으로 수행한 이 연구는 세 가지 실험 [다세대 사육연구(multigeneration study), 연속번식생식평가(Reproductive assessment by continuous breeding), 그리고 일생투여연구(life-term feeding study)]를 수행하였다.

실험동물인 생쥐는 OF1종이었으며, 사료에는 NK603 X MON810 스택(stack) GM옥수수와 그와 근연관계에 있는 non-GM ISO옥수수 그리고 오스트리아 산 non-GM옥수수를 각각 33%씩을 먹였다. 오스트리아 산 non-GM옥수수 외에 두 옥수수 종(GM과 ISO)은 캐나다에서 유사한 조건에서 재배된 것이라고 하였다. 이 논문이 스택 GM품종의 안전성을 부정한 최초의 논문이었다.

NK603 X MON810 스택 옥수수 다세대사육시험에서 새끼들의 평균 크기와 체중 그리고 새끼 숫자 면에서 non-GM옥수수 투여군이 NK603 X MON810 GM옥수수 투여군에 비해 더 우수하였고, 이와 같은 결과는 생식평가 실험에서도 유사한 결과가 나왔으며, GM옥수수를 먹인 시험군에서는 실험동물 사이의 개별 차이가 더 크게 나타났다고 하였다. 특히 GM옥수수를 먹인 동물의 신장의 무게에 차이가 나타났으며, 그 원인은 GM옥수수가 체내대사에 영향을 미치기 때문이라고 해석하였다. 그리고 인터루킨(interleukin) 신호경로, 콜레스테롤 합성과 단백질 주요 대사 경로에도 차이가 있다고 하였다.

이에 대해 NK603 X MON810옥수수 종자 판매사인 몬산토사는 다음과 같이 대응했다(Monsanto company 2008). GM옥수수를 먹인 생쥐는 non-GM을 먹인 생쥐에 비해 출산 새끼수가 적고 생존 젖떼기 새끼수도 적다고 하였는데, 저자들의 계산에 오류가 있었기 때문에 잘못된 결론을 냈던 것이며 실제 자료는 통계적으로 유의성이 없었다고 지적하였다.

그리고 세대가 진행될수록 새끼수가 감소하였다고 보고하였는데 이러한 현상은 보통 일어나지 않는 비정상적인 현상으로서, 아마도 실험동물에 질병이 있었거나 부적합한 사육환경에 기인했을 것으로 추정하였다.

마이크로어레이 검사에서는 오스트리아에서 재배한 non-GM옥수수와 캐나다에서 재배한 non-GM옥수수 데이터를 합쳐서 GM옥수수와 비교함으로서 두 non-GM대조군 사이의 유전자 발현의 차이점을 볼 수 없도록 만들었고 이 합친 데이터를 GM과 비교하여 차이를 더 크게 보이도록 만들었다고 주장하였다. 전자현미경 시험에서도 사진을 제시하지 않았고, 시험방법을 적절하게 제시하지 않았다.

그리고 2004년과 2005년 두 차례 NK603 X MON810옥수수의 안전성 평가를 실시하였던 프랑스의 식품안전기관(French Food Safety Agency; Agence Francaise De Securite Sanitaire Des Aliments)이 벨리미로프 팀의 NK603 X MON810 스택 옥수수 실험에 대한 의견을 다음과 같이 내놓았다(The Director General of the Agence Francaise De Securite Sanitaire Des

Aliments 2009).

실험에 사용한 비근교계(outbred) 생쥐 OF1종에 대한 정보가 적절하게 제공되지 않았고, 실험동물은 근교계(inbred)종을 사용하던지 또는 비근교계 동물을 사용할 때는 그룹마다 훨씬 더 많은 수를 사용했어야 했다고 지적하였다. GM옥수수의 대조 non-GM옥수수인 ISO는 더 이상 생산이 되지 않고 있으므로 출처가 문제로 대두되었다. 그리고 옥수수를 33% 먹였는데 쥐에게 90일 장기투여 실험을 할 때는 투여량에 따른 영향을 같이 볼 수 있도록 두 개의 농도를 시험하도록 한 권장을 지키지 않고 33% 하나로만 시험하였다.

특히 옥수수 시료마다 아연, 구리, 비타민 A 등의 함량이 크게 다른 것으로 나타났는데, 이런 성분들은 실험동물의 출산에 크게 영향을 미치는 인자이다. 그리고 옥수수의 안전성을 평가할 때는 항영양소나 독성물질, 예를 들면 피틴산(phytic acid), 파라-쿠마린산(para-coumaric acid), 프루프랄(furfural), 트립신 저해물질 등을 분석에 포함시키라는 OECD(2002)의 권장사항을 따르지 않았다.

이런 성분들은 실질적 동등성(substantial equivalence)을 충족시키기 위한 자료이다. 그리고 non-GM 대조군으로 선정한 캐나다산 ISO옥수수에서 PCR 시험결과 유전자재조합할 때 사용하는 35S 프로모터 유전자가 검출되어 그 옥수수의 순도가 의문시되었고, 옥수수마다 곰팡이 독소(mycotoxins)와 미생물 수가 실험에 영향을 미칠 정도로 큰 차이가 있었다. 새끼가 출산하여 젖을 뗄 때까지 새끼 사망률이 10%이상으로 나타났는데 이는 아주 비정상적인 현상인데도 이에 대한 설명이 없었다.

그리고 표 두개에서 계산이 잘못된 것이 있었는데 이를 수정하면, 이 논문에서 주장했던 것처럼 NK603 X MON810 스택 GM옥수수가 생식과 장기 구조에 부정적인 영향을 미친다는 결론에 도달할 수 없다.

GM종을 교배하여 개발한 스택품종도 안전성평가를 해야 한다는 주장에 대해 개발자들은 개별 GM품종이 안전하다고 평가되었으면 그의 교배종은 안정하다고 인정하는 것이 타당하다고 주장한다(De Schrijver *et al.* 2007). 그러나 유럽은 스택을 신품종으로 간주한다(De Schrijver *et al.* 2007). 이러한 외국의 영향을 받아 우리나라에서도 GMO 후대교배종에 대한 안전성 평가 강화 요구가 있었다(유전자조작식품반대 생명운동연대 2009). 우리나라에서는 GM종끼리의 교배로 인해 도입된 특성이 변화하거나, 이종간의 교배가 이루어졌거나, 또는 소비량, 가식부위, 가공법 등이 변화했을 때만 스택 종을 심사대상으로 하고 있다.

GMO 식품 안전성 평가와 실질적 동등성 개념

실질적 동등성 개념(the concept of substantial equivalence)은 1980년대 후반에 몇몇 대표적인 국가의 식품안전관리 전문가들이 개념을 개발하여 OECD(1993)가 처음 사용하였으며, 1994년 최초의 GM작물인 Flavr Savr 토마토 안전성 평가에 활용되었다. GM작물을 non-GM 동일 작물과 비교하여 실질적으로 동등하면 새로운 위해가 예상되지 않기 때문에 non-GM과 똑같이 안전한 것으로 간주한다는 내용이다. 나중에 FAO/WHO(1996)가 GM작물의 안전성 평가에 이 개념 적용의 지지 의사를 밝혔고, 이 개념을 추가 발전시켰다. 실질적 동등성 개념에 의하면 새로운 GM식품은 기존의 식품과 비교했을 때 적어도 동등한 정도로 안전(as safe as traditional counterparts)해야 하며, 유전자 재조합 과정을 통해 어떠한 위험인자라도 추가적으로 도입되어서는 안된다(Jonas *et al.* 1996).

기존에 사용되어온 독성검사법이나 위해성 분석법은 식품(whole foods) 그 자체의 독성검사에 적용할 수는 없기 때문에(IFT 2000; Hopkin 2001), GM식품(whole foods)의 안전성 평가를 위하여 새로운 방법이 필요했는데, 이를 위해 궁여지책으로 생각해낸 것이 실질적 동등성 개념이라고 할 수 있다(OECD 1993).

실질적 동등성 개념은 어떤 식품이 절대적으로 안전한가를 확인하고자 하는 것이 아니고, GM식품을 그와 가까운 기존의 안전한 식품과 비교하는 방법이다. 비교해 보았을 때 차이가 있는지를 확인하고, 성분상의 차이가 있다면 이 차이에 대해서 안전성 평가를 수행하는 것이다. 의도하지 않았던 차이(unintended difference)는 물론 의도했던 차이(도입 유전자 산물; intended difference)에 대한 안전성 평가를 실시한다.

실질적 동등성 여부를 평가하기 위하여 필요한 정보로는 다음과 같은 여러 가지가 있다. 우선 신GM작물/식품의 명칭(학술명, 일반명, 화학명), 작물의 분류 정보, 유전자재조합체의 특성(숙주, 벡터와 도입유전자, 재조합체의 식품특성), 식품제조/생산에 관한 정보, GMO의 개별 특성(일반분석, 자연독소, 항영양소, 위해 가능성이 있는 특정 성분)에 대한 정보가 제공되어야 한다. 숙주의 유전형 및 표현형에 대한 정보, 2차 대사산물 특히 독성물질이나 항영양소의 존재유무, 그리고 숙주가 식품으로 사용된 역사 등이다.

벡터와 도입 유전자에 대해서는 염기서열, 크기, 안정성과 이동성(stability and mobility), 항생물질 내성 마커 유전자의 유무, 식품으로 사용한 역사의 유무, 유전자 발현 산물의 알려지 유발성 등의 정보가 필요하다.

재조합체에 대해서는 유전적 안정성, 도입된 유전자의 발현과 그로 인한 (예측 가능한) 2차 효과, 독성물질과 항영양소 그리고 특정 주요 영양소의 발현량 및 작물의 표현형 예를 들면 농업특성(수율, 총중량, 알곡 무게, 성숙률, 길이 성장, 도복저항성 등), 성장 특성, 대사, 영양가 등에 대하여 non-GM숙주는 물론 주요 상업용 품종과 비교한 정보를 제공하여야 한다.

그리고 GMO에 도입된 유전자가 단백질, 지방질, 탄수화물, 무기질의 양에 상당한 영향을 미치면 단백질의 경우 아미노산 조성, 비단백질소화합물과 특수 아미노산에 대한 정보를, 지방질의 경우에는 트랜스 지방산(trans fatty acid)을 포함하는 지방산의 조성, 에너지 함량, 비비누화물질(nonsaponifiable compounds), 지용성 비타민에 미치는 영향에 대한 정보를, 탄수화물의 경우에는 화학구조, 분자량, 인비트로(*in vitro*)소화율과 발효성 및 식이섬유소 함량 등의 정보를, 그리고 비타민이나 무기질이 중요하게 인식되는 식품에서는 이들에 대한 정보가 제공되어야 한다.

이에 추가하여 해당 GMO의 개발 목적이 명시되어야 한다. 이 GM식품이 기존 식이의 영양 개선, 또는 위해 감소 등을 예로 들 수 있으며, 이 정보를 통해 타겟 소비그룹을 미리 알 수도 있고 얼마나 섭취할 지를 예상할 수가 있다. 기타 필요한 정보로서 해당 GM식품의 조리, 가공 및 섭취 방법, 전체 인구 또는 특정 그룹의 섭취 빈도와 섭취량, 현 GM식품이 기존의 다른 어느 식품을 대체해 먹게 되었을 때 영양 섭취에 미치는 영향 등의 정보도 제시되어야 하며, 이러한 모든 정보를 바탕으로 기존식품과 GM식품의 실질적 동등성 여부를 판가름한다.

GMO의 동등성 평가는 케이스 바이 케이스(case by case)로 개별 평가를 원칙으로 하며, 앞에 제시된 정보를 검토하여 실질적 동등성 여부를 평가한다. 여기까지는 GM작물/식품과 그의 모품종 사이에 차이가 있는지를 비교하는 것이다. 성분의 차이라 함은 GM작물과 모품종을 화학적으로 분석하거나 또는 시각적으로 관찰하여 나타나는 차이를 말한다.

제공된 정보를 검토한 결과 어떠한 유의할만한 차이가 발견되지 않으면 유전자 재조합으로 인해 예측불가능한 부정적인 영향이 나타나지 않은 것이라고 판단하고, GM작물이 그의 non-GM모품종과 실질적으로 동등한(substantially equivalent) 것으로 판정한다.

실질적으로 동등한 경우에는 영양이나 독성에 관한 추가 안전성 자료를 요구하지 않는다. 유의할 만한 비의도적 차이가 발견되면 실질적으로 동등하지 않다고 판단하며, 그 차이에 대한 영양 및 독성 평가를 수행하여 추가 자료를 제출해야 한다. 따라서 실질적 동등성 평가를 안전성 평가의 끝이 아니고 시작이라고 말하는 이유이다.

비의도적 차이의 발생

GM작물을 개발하면 의도적으로 도입한 유전자의 산물을 의도한 변화(또는 차이; intended differences)라고 한다면, 그 외에 의도하지 않았던 변화나 차이(unintended differences)가 발생할 수 있다. 아래에 의도하지 않은 차이(비의도적 차이)와 그로 인한 부작용(consequences or adverse effects)에 대해 설명하고자 한다(Kuiper *et al.* 2001, Cellini *et al.* 2004).

GM기술을 활용해 품종을 개량할 때 의도하지 않았으나(unintended) 예상 가능한(predictable) 또는 예상할 수 없는(unforeseeable 또는 unpredictable) 차이(변화)가 나타날 수 있다. 예를 들어 DNA 조각(예, 해충저항성 유전자)을 숙주(예, 옥수수) DNA에 집어넣었을 때 GM옥수수 신품종에서 Bt 단백질이 만들어지면 이는 유전자 재조합의 의도했던 결과에 해당된다. 그런데 GM옥수수 신품종에서 원래 옥수수 모품종이 가지고 있던 어떤 기능을 잃어버리거나 또는 원래는 없던 어떤 다른 현상이 새로 나타난다면 이런 것들을 의도하지 않은 차이라고 한다.

비의도적 차이는 사전에 예측이 가능한 것이 있기도 하지만 대부분은 예상할 수가 없다. 이와 같은 의도하지 않은 차이가 발생하는 이유는 숙주 DNA에 외래 유전자 DNA를 삽입할 때 외래 DNA 조각이 들어가는 위치를 인위적으로 조절할 수 없기 때문에 무작위 삽입(random insertion)의 결과로 나타난다. 이에 따라 숙주 유전자에 다양한 변화가 올 수 있고, 따라서 단백질 발현의 변화가 나타나면 결과적으로 중간 또는 최종대사물이 축적되거나 감소될 수 있는 데 이런 것들이 모두 비의도적 차이에 해당된다.

이러한 비의도적 차이에 대한 우려를 불식시키기 위해 다음 조건을 충족시키는 유전자 재조합체를 GM이벤트(GM event)로 선정한다. GM신품종을 개발할 때 식물 세포에 외부

DNA 유전자를 도입해서 만들어진 GM세포를 한 이벤트라고 하는데, 외부 도입 DNA가 한 카피만 들어가고, 도입유전자가 숙주 구조유전자(structural gene) 서열 안에 들어가지 않고, 유전적 특성이 안정적으로 발현되는 재조합체가 이상적인 이벤트이다. 이 이벤트 즉 외부 DNA를 성공적으로 도입한 식물세포로부터 GM신품종을 만든다. 이벤트의 예를 들면 Bt11, MON863, MON810 등(GMO-compass 2016)이 있다.

GMO신품종의 안전성 평가 핵심은 신품종과 그것의 non-GM 모품종과 화학적 구성성분을 비교하는 것이고, 이 방법을 실질적 동등성 개념을 활용한 안전성 평가라고 한다(OECD 1993). 이 안전성 평가 개념은 1990년대 초 1세대 GM작물을 상업적으로 생산하기 전에 안전성을 평가하는데 활용되었다. 실질적 동등성 여부의 평가를 위해 분석하는 항목은 대체로 일반분석(proximate analysis), 대량성분(예, 아미노산, 지방산 등)과 소량/미량 성분(예, 무기질) 등의 분석이다. 이것에 추가해서 해당 숙주작물이 가지고 있는 특이성분, 예를 들면 천연독성물질(예, glycoalkaloids)이나 필수영양소(예, 비타민류), 항영양소(예, 트립신 저해물질) 등의 함량 변화에 주목한다.

그리고 기타 과학적 지식을 가지고 예상할 수 있는 부분도 추가로 포함시켜 비교할 수 있다. 예를 들어 라운드업 레디 GM콩 품종의 개발은 *EPSPS* 유전자를 도입하는 것이고 이 유전자는 방향성 아미노산의 합성에 영향을 주는 것이기 때문에 GM작물에서 방향성 아미노산(tyrosine, phenylalanine, tryptophan) 함량에 의도하지 않은 변화의 발생여부를 비교한 예가 있었다(Fuchs *et al.* 1996). 이 경우에 비의도적 차이는 나타나지 않았지만 예측 가능한 변화가 나올 수 있는 부분이라고 할 수 있다.

GM작물을 개발하는 과정에서 수많은 재조합체가 만들어지고 그 중에서 어느 기준 이상의 재조합체만 선발하고 그에 못 미치는 것들은 도태시키기 때문에, 최종 상품화하기 전에 실험실이나 유리하우스(glasshouse) 또는 필드 테스트(field test)에서 의도하지 않은 불리한 특성을 가진 것들은 선발에서 제외되기 때문에 불리한 비의도적 변화를 가지고 있는 개체가 유용품종으로 선택될 가능성이 없다. 그리고 선정된 것들도 최종 품종으로 정하기 전에 많은 평가 과정을 거친다. 그 중에서도 중요한 평가 변수는 작물 활성, 성장 패턴, 수율, 농산물 품질, 해충 또는 질병 내성 등이다.

여기까지 오는 과정에서 대부분의 비의도적 특성을 지닌 것들은 제거되지만, 차이가 아주 작은 경우는 관찰되지 않아 남아 있을 가능성이 있다. 어떤 비의도적 특성이 있다고 하더라도 이것이 곧 사람의 건강이나 환경에 악영향을 미친다고 할 수는 없으나, 그렇더라도 어떤 변화가 발생되었는지를 알고 있는 것은 중요하다. GM작물에 비의도적 변화가 보고된 케이스가 있다(표 7).

표 7. GM작물에서 보고된 의도하지 않았던 변화의 예

작물	도입특성	의도하지 않은 변화	문헌
감자	박테리아 레반슈크레이스 도입	조직 불량	Turk & Smeekens, 1999 (재인용 Cellini *et al.* 2004)
감자	박테리아 레반슈크레이스 도입	탄수화물 전달 불량	Dueck *et al.* 1998 (재인용 Cellini *et al.*, 2004)
감자	콩 글리시닌 도입	글리코알칼로이드 증가	Hashimoto *et al.* 1999
감자	효모 설탕이성화효소 도입	탄수화물 대사 변화 글리코알칼로이드 감소	Engel *et al.* 1998
감자	잭빈 렉틴 유전자 도입	잎줄기 성장 감소, 글리코알칼로이드 함량 변화	Birch *et al.* 2002
감자	글루코카이네이스 유전자 도입. 전분함량 증가 (의도 변화 실패)	전분함량, 감자 크기 감소, 인산6탄당 함량 증가	Geigenberger & Stitt 1993 Trethewey *et al.* 1998
밀	포도당 산화효소 도입	식물독성	Murray *et al.* 1999
밀	포스포타이딜 세린 합성효소 도입	조직 괴사 병변	Delhaize *et al.* 1999
벼	콩 글리시닌 도입	비타민 B6 증가	Momma *et al.* 1999
벼	β-카로텐 합성효소 도입(황금쌀)	잔토필 색소 증가	Ye *et al.* 2000
벼	글루텔린 감소	프롤라민 증가	Kubo 2000
벼	고 라이신 단백질 유전자 도입	22개 단백질 발현의 변화	Zhao *et al.* 2013a
벼	고 라이신 단백질 유전자 도입	단백질 발현 변화	Liu *et al.* 2016
콩	단백질 함량 증가	지질 인지질 함량 감소	Edwards *et al.* 2000
콩	글리포세이트	줄기 갈라지고 소출	Gertz *et al.* 1999

	내성 *EPSPS* 도입	감소, 리그닌 함량 과다, 키 작고 클로로필 함량 감소	
면화	해충저항성(Bt)	잎 단백질함량 감소, 단백질분해효소 & 유리아미노산함량 증가	Chen *et al.* 2005
카놀라	파이톤 합성효소 도입	클로로필과 토코페롤 함량 감소, 지방산 조성 변화	Shewmaker *et al.* 1999
보리	내열성 베타 글루카네이스 도입	알곡 중량 감소	Horvath *et al.* 2001
민들레	복합형 잎모양 유전자 도입	불규칙한 잎모양 꽃을 피우지 못함	Muller *et al.* 2006
완두콩	콩 알파-아밀레이스 저해물질 도입	면역 시스템의 변화	Prescott *et al.* 2005
알팔파	안토시아닌 색소 도입	플라본 함량 감소	Ray *et al.* 2003

새로운 GM작물을 개발할 때 의도했던 목표는 당연히 얻을 수 있지만, 위의 표에서처럼 의도하지 않았던 결과가 수반된 경우가 보고되기도 하였다. 예를 들어 레반수크레이스 효소(levansucrase) 유전자를 도입하여 프룩탄(fructan)을 생합성하게 만든 GM감자에서는 탄수화물 전달 불량 문제(Dueck *et al.* 1998)와 감자 구근 발달에 이상(Turk & Smeekens 1999)이 생기는 것이 나타났었다. 또한 알루미늄 독성 피해를 줄일 목적으로 포스퍼타이딜 세린(phosphotidyl serine) 합성효소를 과다 발현시킨 GM밀에서는 조직 괴사 현상이 나타났었다(Delhaize *et al.* 1999). 이상의 GM작물은 초기 개발단계에서 문제점이 노출되어 더 이상 신품종 개발을 위한 연구를 진행하지 않았던 것들이다.

그리고 개발 과정 중에 의도하지 않았던 결과가 나타나서 중도에 프로젝트를 중단했던 잘 알려진 예가 하나 더 있다. 앞에서 한 번 소개한 바와 같이 미국 파이오니어 하이브레드 인터내셔널(Pioneer Hi-Bred International) 사(社)의 고(高) 메티오닌(methionine) GMO 콩 품종 개발과 관련된 에피소드는 잘 알려진 케이스이다. 콩은 황(S)을 함유하는 아미노산의 함량이 적은 단점을 보완하여 영양가를 향상시키기 위해 브라질너트에 들어있는 메티오닌 함량이 높은 단백질의 유전자를 콩에 도입시키는 프로젝트였다. 그런데, 이 GM콩은 브라질너트에 알레르기가 있는 사람들에게 알레르기를 일으킬 가능성이 있는 것으로 확인되어 프로젝트가 중단되었던 에피소드이다(Nordlee *et al.* 1996, Leary 1996). 이 의도하지 않은 결과는 앞에서 언급한 다른 진정한 의미의 의도하지 않은 결과와는 다른데, 이 변화는 유전자 재조합 과정의 결과로 나타난 것이 아니고 브라질너트가 가지고 있던 유전자(또는 유전 정보에 따라 만들어진 단백질)의 특성이었기 때문이다.

위에 예로 들었던 것들에 반해, 신품종을 개발해서 최종적으로 특이 재배 환경에서 시험 재배할 때 문제점이 드러난 케이스도 있었다. 글리포세이트 내성 GM콩을 40℃ 정도의 높은 토양온도에서 시험 재배하였더니 줄기가 갈라지는 이상현상이 나타나면서 소출량이 최대 40% 감소한 예가 있었다(Gertz *et al.* 1999). 그리고 콩의 글리시닌(glycinin) 단백질 유전자를 벼와 감자에 도입하였을 때 벼에 비타민 B6함량의 증가 현상이 나타났고(Momma *et al.* 1999), 감자에는 글리코알칼로이드(glycoalkaloid) 함량이 증가하는 변화가 나타났었으나

(Hashimoto *et al.* 1999a), 쥐 실험 결과 안전에는 이상이 없는 수준이라고 하였다(Hashimoto *et al.* 1999b).

효모의 설탕이성화효소(invertase) 유전자를 도입하여 개발한 GM감자에 탄수화물 대사의 변화라는 예상 가능한 비의도적 변화(predictable unintended change)가 나타났는가 하면 동시에 글리코알칼로이드의 함량 감소라는 예상하지 못했던 비의도적 변화가 관찰되었다(Engel *et al.* 1998).

GM카놀라에서도 의도하지 않았던 변화가 관찰되었던 예가 있었는데 피토엔 합성효소(phytoene)를 과다 발현하게 만든 카놀라에서 의도했던 대로 피토엔이 축적되었으나, 동시에 피토엔 합성 경로와 관련이 있는 토코페롤과 클로로필의 함량 감소가 나타났었다(Shewmaker *et al.* 1999). 이 변화는 예측이 가능한 비의도적 변화이었지만, 동시에 지방산 조성의 비의도적 변화도 관찰되었는데, 올레인산(oleic acid)이 증가하는 한편 리놀레산(linoleic acid)과 리놀렌산(linolenic acid)의 함량은 감소하였다.

잘 알려진 황금쌀(golden rice)의 경우 피토엔 합성효소와 카로텐 디새추어레이스 효소(carotene desaturase; *Erwinia* 속 세균) 두개의 유전자를 벼에 도입했을 때 라이코펜(lycopene)이 합성되고, 이 라이코펜은 벼에 자연적으로 발현되는 라이코펜 α- & β-싸이클레이스효소(lycopene α- & β- cyclase) 및 라이코펜 수화효소(hydroxylase)에 의해 α- & β-카로텐(α- & β-carotene)은 물론 루테인(lutein), 제아잔틴(zeaxanthin) 같은 색소가 축적된 것으로 나타났다(Ye *et al.* 2000). 루테인과 제아잔틴은 영양적으로 유용한 것이기 때문에 비의도적으로 생성되었다고 하더라도 이에 대한 평가를 하지 않은 것으로 보고되었다.

청주 양조용으로 글루텔린(glutelin) 단백질이 적은 GM벼 품종을 개발하였을 때 프롤라민(prolamin) 단백질의 함량이 높아지는 의도하지 않았던 변화가 있었으며(Kubo 2000), 라이신(lysine) 함량이 높은 GM콩을 만들었을 때 의도하지 않았던 변화로 지방질 함량의 감소 현상이 나타났었다(Edwards *et al.* 2000). 최근에는 중국에서 GM벼에 대한 연구보고가 많이 나오고 있는데 소화율이나 영양소 흡수 등에 하등의 차이가 없다고 하였다(Hu *et al.* 2010, Li *et al.* 2010, Huang *et al.* 2011, Zhao *et al.* 2013b, Yang *et al.* 2016).

이상에서 여러 가지 의도하지 않은 변화가 GM작물에 나타나는 예를 보았는데, 작물을 육종하는 동안 의도하지 않은 변화가 나타나는 것은 GM작물에서 뿐만 아니라 전통적인 육종 작물에서도 나타나는 일반적인 현상이다.

전통 육종법은 모품종을 교배시켜 얻은 잡종 후 세대들로부터 우수한 특성을 가지는 것을 선발하고, 바람직하지 않은 의도하지 않은 특성은 역교배 과정에서 제거해 가면서 최종 종자후보를 선정하는 것이기 때문에 의도하지 않은 특성이 최종적으로 선택한 작물 품종에서 나타났다는 기록은 그렇게 많지 않으나 다음 **표** 8에 있는 것들이 보고된 예가 있다.

표 8. 전통육종에서 의도하지 않은 결과의 예(Cellini *et al.* 2004)

작물	선발특성	비의도적 결과	문헌
보리	곰팡이저항성	소출량 감소	Thomas *et al.* 1998
셀러리	해충저항성	후라노쿠마린 함량 증가	Beier 1990
옥수수	고 라이신 함량	소출량 감소	Villegas *et al.* 1992
감자	해충저항성	소출량 감소와 글리코알칼로이드 함량 증가	Harvey *et al.* 1985
애호박	해충저항성	커큐비타신 함량 증가	Coulston & Kolbye 1990

현재 각국의 GM식품의 안전성 평가를 위해 GMO 개발자로부터 제공받는 GMO 신품종에 대한 자료는 일반 성분 분석자료, 단백질함량과 아미노산 조성, 지방질함량 및 지방산조성, 회분 및 개별 무기질, 섬유질, 비타민 등의 미량영양소, 특정작물의 특정 항영양소와 같은 항목들이다.

그러나 개발사들은 의도하지 않은 차이 발생여부를 알기 위해 추가적인 분석방법을 사용하고 있다. 예를 들어 글루텔린 단백질 함량이 적은 쌀에서 프롤라민 단백질의 함량이 높게 나타난 것은 정해진 성분 분석 방법(타깃 어프로치; targeted approach) 즉 단백질 함량이나 아미노산 조성을 분석해서는 찾아낼 도리가 없으나 비타깃 어프로치(non-targeted approach)의 도입으로 찾아낼 수 있었다.

잔토필도 마찬가지로 일반 성분 분석으로는 존재여부를 알 수 없으나, 카로티노이드(carotenoids) 색소를 HPLC로 분석하였을 때 찾아낼 수 있었다(Ye *et al.* 2000). GM벼에 나타나는 의도하지 않은 결과로서 단백질 발현의 차이도 기존의 타깃 어프로치로는 찾아낼 수 없지만 비타깃 어프로치와 단백질 프로파일링(protein profiling)을 통해 그 차이를 찾아낼 수 있었다고 한다(Zhao *et al.* 2013a).

GM식품의 상대안전성을 평가하는 이유

아무 문제없이 오랫동안 먹어온 안전한 식품도 실제로는 여러 가지 항영양소(anti-nutrients)나 알레르기 유발물질과 천연독소(natural toxins)를 포함하고 있다는 것을 우리는 잘 안다.

알레르기를 일으키는 것 중에는 꽃가루, 곰팡이포자, 벌과 같은 곤충의 독도 있고, 우리가 일상 먹는 식품에도 있다. 땅콩, 콩, 우유, 계란, 물고기, 갑각류, 밀, 견과류 등이 식품 알레르기의 90%이상을 유발한다고 한다.

천연 독소나 항영양소를 함유한 식품도 있다. 예를 들면 카사바나무의 뿌리는 독성이 있는데 물에 넣어 적절히 우려낸 뒤에 먹으면 안전한 보통의 식품이 되는 것이다. 콩도 트립신 저해물질(trypsin inhibitor)과 렉틴과 같은 항영양소를 가지고 있는 데 적절히 가열하면 문제가 되지 않는다. 감자나 토마토도 각각 글리코알칼로이드(glycoalkaloid)인 솔라닌(solanine)과 알파-토마틴(α-tomatine)을 함유하고 있다.

식물체는 여러 가지 천연살충제(natural pesticide)를 함유하고 있으며, 그 양은 우리가 식품을 생산하는 과정 중에 살포한 인공살충제(artificial pesticide) 양의 10,000 배가 넘으며 식물체 건조중량의 5-10%에 달한다고 한다(Ames 1990).

이상에서 예로든 바와 같이 독성성분이나 항영양소가 들어 있지 않은 자연식품은 없다고 볼 수 있다. 따라서 GM식품의 안전성을 평가할 때는 절대 안전성을 평가하지 않고, 그의 non-GM 모품종과 비교하여 상대적인 안전성을 비교한다.

참고로 우리가 늘 먹고 있기 때문에 안전하다고 생각하는 식품도 단지 조상 대대로 오랫동안 먹어오면서 문제가 없다고 생각되어지는 것에 지나지 않는다는 것이다. 이 생각은 미국에서도 마찬가지여서 "Traditional foods are viewed by the FDA as safe based on a long history of use"라는 생각이다(IFT 2000). OECD(1993)의 정의에 의하면 "정상적이고 상식적인 소비조건에서 어떤 식품을 소비했을 때 그로 인한 명백한 해가 나타나지 않으면 그 식품은 안전하다"고 본다는 것이다. 오랫동안 먹어온 식품은 미국의 FDA나 우리나라의 식약청에서 그 식품의 안전성을 평가하지 않는다. 안전성을 따로 평가하지 않는다는 것은 그 식품이 절대적으로 안전하다는 것은 아니며, 절대적으로 안전한 식품은 없다(No food of absolute safety)는 것이 식품전문가들의 일반적인 견해이다.

따라서 GM식품의 안전성을 평가할 때는 해당 식품의 절대 안전성을 평가하지 않고, 우리가 안전하게 먹고 있는 기존 식품과 비교하여 GM신품종에 위험성이 추가되었는지 여부를 평가한다. 이 개념이 실질적 동등성 평가의 기본 바탕이다.

실질적 동등성 개념의 적용

GM식품을 실질적 동등성 개념에 따라 분류하였을 때 ① 실질적으로 동등한 것(substantially equivalent) ② 의도적으로 도입한 특성을 제외하고 실질적으로 동등한 것(substantially equivalent except for the inserted trait) ③ 그리고 동등하지 않은 것(not equivalent)으로 나뉘며, 동등한지 아닌지는 앞 섹션에 있는 자료를 비교함으로써 알 수 있다.

OECD가 GM식품의 실질적 동등성 여부를 판단할 수 있는 기준 가이드라인을 제시한 바 있는데 이에 대한 기초적인 연구는 국제생명과학회 유럽지부(ILSI Europe)(Jonas *et al.* 1996) 신소재식품 태스크 포스 팀이 작성하였다. GM작물과 그의 모품종이 성분의 함량에 차이가 없이 '실질적으로 동등하다고 판단하는 것'은 차이가 있다고 하더라도 해당 작물에서 자연적으로 발생하는 차이(natural variation)의 범위 내에 있다는 것을 의미하며(Jonas *et al.* 1996), 이를 확인하는 방법은 연구 논문에 나타난 기존 자료와 비교하는 것이다. 실질적 동등성 평가를 했을 때 해당 GM식품은 다음과 같은 세 가지 시나리오 중 하나에 해당된다(OECD 1993, MAFF England 1994, FAO/WHO 1996, Jonas *et al.* 1996, Kuiper *et al.* 2001, FAO/WHO 2000).

ⓐ 실질적으로 동등한 경우(substantially equivalent)
기존의 식품과 마찬가지로 안전하다고 인정되므로 추가 안전성 시험을 할 필요가 없다. 예를 들면 정제된 식용유, 정제당, 정제 녹말, 정제 레시틴(lecithin) 등이 이 카테고리에 속한다.

ⓑ 의도적으로 도입한 특성을 제외하고 실질적으로 동등한 경우(substantially equivalent except for the inserted trait)
실질적으로 동등하지 않은 특정 성분에 대해 안전성 평가를 하여야 한다. 대부분의 GMO는 이 카테고리에 속한

다.

ⓒ 실질적으로 동등하지 않는 경우(not equivalent)

실질적으로 동등하지 않다고 하더라도 안전하지 않다는 것을 의미하지는 않으나, 동물 투여 실험 등을 통해 동등하지 않은 부분이 유해하지 않다는 것을 밝혀야 한다. 실험 디자인은 식품이나 특정 성분의 특성에 따라 case-by-case로 설계한다.

현재 우리 주변에 있는 GM식품의 일부는 ⓐ에, 그리고 대부분은 ⓑ에 해당된다. ⓐ에 해당하면 추가적인 독성 평가 자료제출이 필요하지 않지만 ⓑ에 해당되면 동일하지 않은 부분에 대한 독성평가 보고서를 제출해야 한다. ⓒ에 해당되는 GM작물개발 케이스는 알려지지 않았다.

GM작물 중에서 식품(whole food) 자체가 ⓐ에 해당하는 흔하지 않은 예를 하나 들어보고자 한다. 감자에 감자 와이 비루스(PVY; potato virus Y)에 내성을 가질 수 있도록 PVY 비루스 껍데기 단백질(capsid protein, coat protein) 유전자를 도입시킨 GM감자로서 몬산토 사가 개발한 New Leaf® Y 감자가 그 예이다. 이 GM감자는 감자잎모자익병(Rugose Mosaic disease)을 유발하는 PVY 비루스에 의한 감염 내성을 가지고 있다(Monsanto 2002).

사람이 재배하는 감자는 자연에서 감자 Y 비루스에 감염이 되어 있으므로 PVY 비루스 핵산(RNA)과 껍데기 단백질이 들어있기 때문에 사람이나 가축이 이 비루스와 껍데기 단백질을 장기간 섭취해 왔다. 이와 같이 비루스와 껍데기 단백질은 감자에 통상적으로 들어있는 단백질이었으며, 사람의 건강에 아무 문제없이 오랫동안 먹어왔으므로 'a long history of safe consumption'을 충족시키며, PVY비루스의 껍데기 단백질이 사람에게 독성작용이나 알레르기를 일으킨 것이 보고된 일이 없다(ANZFA 2001). 따라서 PVY 비루스 껍데기 단백질을 발현하는 GM감자는 non-GM 일반 감자와 비루스 껍데기 단백질의 발현량만 크게 다르지 않다면 (실질적으로) 동등하다고 인정되었다(El-Khishin *et al.* 2009). 실제로 New Leaf® Y 감자의 안전성 평가를 실시한 호주/뉴질랜드 식품관리청(ANZFA; Australia New Zealand Food Authority)은 이 GM감자는 기존 감자와 실질적으로 동등하기 때문에 표시 의무가 없다고 판정하였다(ANZFA 2001). PVY 저항성 GM감자에서 비루스 껍데기 단백질은 검출이 되지 않으나 유전자의 mRNA는 검출되는 것으로 보아 유전자가 발현된다고 추정할 수 있었다. 비루스 껍데기 단백질이 Y 비루스의 감염을 막아주기 때문에 PVY저항성 GM감자에 있는 비루스 껍데기 단백질의 양은 non-GM감자에 있는 양보다 더 작다고 하였다(ANZFA 2001).

이 경우 실질적으로 동등하다는 것은 감자 비루스 껍데기 단백질에 관한 사항에 한정되지 감자에 들어있는 솔라닌과 같은 글리코알칼로이드 성분에 대해서는 다른 얘기이고, 전분의 함량에 차이가 문헌범위를 벗어났다면 이 또한 별개의 문제이다.

FAO/WHO(2000) 보고서에 의하면 시판이 허용된 GM식품의 안전성 평가에 실질적 동등성 개념을 적용하는 것은 매우 타당하고 가장 현실적인 방법이라고 평가하고 있다. 현실적으로 실질적 동등성 개념을 대체할 만한 방법이 없다는 의견이다.

한편 GM식품의 안전성을 평가하는 데 있어 실질적 동등성 개념이 만족스럽지 않다고 혹평하는 사람들도 있다(Millstone *et al.* 1999).

식품 안전성 시험의 난제

GM식품의 안전성에 대한 논란이 심화되는 과정 중에 관심 있는 사람들이 충고해주는 의견이 있었다. GM식품이 안전한지 아닌지는 GM과 non-GM식품을 동물에게 먹여보면 알 텐데 왜 그런 실험을 하지 않느냐고 답답해하는 경우를 목격한 일이 있다. 생각하기에 따라서는 매우 간단하고 쉬운 해결책처럼 보인다. 그리고 그 정도도 생각 못하는 식품안전 과학자가 있을 것이라고 생각하는 비전문가들이 있다는 점도 우리를 답답하게 만든다.

1950년대 초에 방사선 조사에 의한 살균/살충법이 개발되어 실용화되는 단계에서 이 방법의 안전성에 대한 우려가 많았고, 미국 FDA는 전통적인 동물 투여 실험에 의한 안전성 평가를 의무화하였다. 그 후 약 20-30년 동안 미국 FDA, USDA, 육군연구소, 미국의 여러 식품 산업체들이 방사선 조사 식품의 안전성을 평가하기 위해 개별적으로 수행한 동물 시험이 총 400건을 넘었다고 한다. 평가 대상 식품도 과일, 채소, 곡류, 육류, 두류 등등 거의 모든 식품종을 망라하였고, 동물실험도 실험동물만 아니라 농장 가축을 대상으로 시험하였다고 한다. 그런데 별 차이를 발견하지 못했으며, 결국 시험 실패였던 것이다.

동물실험으로는 식품(whole foods; 정제한 식품의 어떤 성분이 아니고 우리가 먹는 식품 그 자체)의 작은 차이점을 분간해낼 수 있을 만큼 예민하지 않다는 결론에 도달하였고(Hammond *et al.* 1996), 따라서 GM식품의 안전성을 평가할 수 있는 다른 방법의 필요성이 대두되었다. 이 문제를 해결하기 위해 도입된 것이 바로 실질적 동등성 개념이었다.

어떤 물질이 사람에게 안전한지 아닌지를 알아보려면 실험동물에게 먹여보고 사람에게 미칠 간접적인 영향을 추정한다. 비의도적으로 잔존하는 농약이나 또는 의도적으로 첨가한 식품첨가물처럼 사람이 하루에 섭취하는 양이 매우 적고, 그 물질의 화학적 성질이 잘 알려진 것들은 동물에게 과량 먹여보는 단기 또는 중장기 투여 독성시험을 할 수 있다.

표 9. 동물실험에 있어 화학물질과 식품의 다른 점(IFT 2000)

화학물질(Individual chemicals)	식품(whole foods)
일반적으로 화학적 성질을 잘 아는 단일물질로 보통 영양물질이 아니다.	화학적 성질을 정확하게 알지 못하는 많은 물질의 혼합물로 영양물질이 많다.
높은 농도로 투여하면 그 화학물질로 인한 부작용이 나타난다.	투여 가능한 최대농도에서도 부작용이 나타날 가능성이 거의 없다.(영양 불균형 제외)
사료에 소량(<1%)만 넣어도 부작용이 나타날 수 있다.	고농도(>10%)를 투여하여야 한다.(영양 불균형 문제 심화)
사람이 섭취하는 양의 수백 배 이상 투여가능	수 배 이상 먹일 수 없다.
투여 후에 부작용(급성 중독작용)이 바로 나타난다.	투여 후에 부작용이 바로 나타나지 않으며 영양 불균형으로 인한 부작용이 나타난다.

대사경로의 추적이 비교적 쉽다.	구성성분이 다양하며 미지의 물질도 많아 대사경로의 추적이 거의 불가능하다.
첨가와 나타나는 영향과의 관계가 뚜렷하다.	첨가에 따르는 영향이 거의 없지만, 있다 하더라도 그 원인파악이 어렵다.

그러나 식품은 사람이 하루에 먹는 양이 많기 때문에 실험동물에게 과장투여가 불가능하다. 실험동물은 먹을 만큼 먹으면 더 먹지 않으므로 식품의 단회 투여 독성시험이나 단기 급성 독성시험이 불가능하다. 그리고 만일에 식품을 억지로 먹이고 그 결과 이상 증상이 나타났다고 하더라도, 식품에는 아는 성분 모르는 성분이 매우 많기 때문에 어느 성분이 어떻게 작용하여 그 증상이 나타났는지를 추적하기가 매우 어렵거나 불가능하다(**표 9**). 따라서 식품(whole foods)을 실험동물에게 먹여보는 단기 독성시험은 불가능하다는 결론에 도달하였다.

이상에서 식품의 단기 독성시험이 왜 가능하지 않은지에 대해 설명하였는데, 추가해서 식품의 장기 투여 독성시험의 문제점에 대해서 기술하고자 한다. 식품의 독성시험을 하려면 사료에 비교적 많이(10% 이상) 첨가해줘야 하는데 특정 식품을 많이 투여하면 1차로 영양 불균형을 유발할 수 있는 문제점이 있다. 우리가 보통 먹는 식품 재료, 예를 들면 양파, 마늘, 양배추, 감자, 밀가루, 토마토, 콩, 칠리 고추나 마카다미아 너트 같은 것들을 실험용 쥐나 개에 비교적 많은 양(10% 이상)을 비교적 장기간(수 주일에서 수십 주일) 투여

했을 때 여러 가지 이상이 나타났다는 보고가 있다(**표** 10, Hammond *et al.* 1996).

그리고 양배추나 케일을 갑자기 많이 먹인 소가 빈혈을 일으키면서 체중 감소 문제가 발생한 예가 캐나다에서 보고되었고, 그 원인은 케일에 들어있는 함황성분(*S*-methyl-L-cysteine sulfoxide)이 분해되어 생긴 다이메틸 다이설파이드(dimethyl disulfide)가 빈혈을 유발했다는 추적 보고가 있었다(Smith 1980). 따라서 식품의 장기 독성시험을 하려면 비교적 많은 양을 장기간 투여하여야 하는데 특정 사료(식품)의 과다투여로 인해 영양 불균형이 나타나는 것이 첫 번째 문제이고, 또 특정 식품의 과다투여로 인한 해당식품 특유의 독성효과가 발생하기 때문에 장기 투여 독성시험 역시 불가능한 것으로 결론 지어졌다. FDA도 식품의 안전성을 평가하기 위한 장기 독성시험은 적절하지 않다고 결론내린 바 있다.

표 10. 동물에 식품을 먹였을 때 나타난 부작용의 예(Hammond *et al.* 1996)

식품	부작용
양파	쥐와 개: 건조중량으로 사료의 35%에 상당하는 양파를 먹였을 때 적혈구 파괴로 인한 빈혈증 유발. 양파를 90일간 먹인 쥐의 췌장, 간, 신장에 색소침착
감자	쥐: 삶은 감자를 17일간 먹인 쥐의 맹장의 비대화. 큰결장증은 변성전분을 많이 먹인 쥐에서도 발생
밀	쥐: 사료의 35%가 되게 밀을 먹이는 다세대 사육시험을 했을 때 출산새끼수가 감소하였고, 수명도 크게 단축됨
토마토	쥐: 토마토 페이스트를 30 mg/kg/day 씩 4주 동안 먹였더니 위점막 손상

콩	쥐: 콩(*Phaeseouls vulgaris*)만 12주 동안 먹였을 때 폐 공기주머니의 공기증 비대현상
칠리	쥐: 사료의 10%에 상당하는 칠리 추출물을 4주 동안 먹였을 때 십이지장 점막 손상
마카다미아너트	개: 마카다미아너트를 먹였을 때 열이 나고 신체 부분 마비와 다리 저는 현상

현재 사용되고 있는 순수 화학물질 용(用) 독성시험법으로는 식품의 어떤 단일 성분이 아닌 식품 자체(whole foods)의 단기 또는 장기 투여 독성을 확인할 수 없다는 것이 당면한 결론이다(IFT 2000).

방사선 조사에 의한 식품의 살균 방법이 처음 도입하였을 때 그의 안전성에 대한 논란이 많았었고, 방사선을 조사한 식품을 실험동물에 먹여보고 안전성 여부를 평가하려고 시도했었으나 적절한 결과를 얻지 못했었다. 그 이유가 **표** 9와 **표** 10에 잘 나타나 있다. GM식품의 안전성을 평가할 때 실질적 동등성 개념이 도입된 배경은 위와 같이 전통적인 투여 독성시험법을 적용할 수 없었기 때문이다(OECD 1993).

그러나 GM식품에 의도적으로 도입된 유전자 산물의 함량은 (식품첨가물이나 농약의 양만큼) 매우 낮기 때문에 그 양의 수십 내지는 수만 배에 해당하는 양을 먹이기는 어렵지 않다. 미생물을 이용하여 유전자 산물을 대량 생산하여 단기 및 중장기 투여 독성시험, 알레르기 시험 등을 수행할 수 있다. 그러나 미생물을 이용해서 똑같은 물질을 생산했다고 하더라도 세균이 생산하는 물질과 식물이 생산하는 물질에는 약간의 차이가 있을 수 있으며, 이 차이가 이론적으로는 안전성에 영향을 미칠 수도 있다는 점이 언급된 바 있다(Hopkin 2001).

실질적 동등성 개념의 비판

실질적 동등성 개념이 GM식품의 안전성평가에 적합하지 않다고 주장하는 사람들이 당연히 있고, 주로 유럽에서 그런 현상이 많이 나타나고 있다. 그들의 주장은 실질적 동등성 개념이 겉으로 보기에는 타당하고 쉽게 적용할 수 있는 좋은 방법처럼 보이지만 사람들을 오도하고 있기 때문에 다른 방법으로 대체해야 한다고 주장한다. 즉, 식품의 일부 성분에 차이가 있는지 없는지를 분석하는 것으로 식품의 안전성 여부를 알 수 없기 때문에, 생물학적, 독성학적 및 면역학적 시험을 수행해야 한다고 주장한다(Millstone *et al.* 1999).

실질적으로(Substantially) 동등하다고 하지만 실제로 얼마나 동등해야 실질적으로 동등한지가 명확하게 정의되어 있지 않은 모호함이 있으며, 어느 규정이나 법에서도 실질적 동등성의 정도가 정의되지 않았다는 것이다. 이 모호한 정의가 바로 산업체가 바라는 사항이지만 소비자들로서는 받아들일 수 없다고 하였다. 그리고 실질적 동등성 개념에 의해 평가하여 실질적으로 동등하다는 판단이 나오면, 다른 면역학적 시험 등을 하지 않아도 되기 때문에 실질적 동등성 개념은 안전성 평가를 방해하는 장벽이라고 주장하였다. 화학적으로 분석하였을 때 성분함량이 비슷하다는 이유로 사람이 그 식품을 먹었을 때 안전할 것이라는 증거가 없다는 것이다.

면역학적, 생물학적 및 독성학적 시험을 하려면 1999년 당시 한 건당 약 2,500만 달러 정도의 시험비가 들어감은 물론 그 시험에 걸리는 시간은 적어도 5년이나 걸린다고 했다. GM 식품의 안전성 평가를 실질적 동등성 개념으로 대체하면 돈과 시간이 절약되니까 개발회사들이 이와 같은 절약을 위해 실질적 동등성 개념을 도입했다는 주장이고, 정부는 개발회사들의 이익을 위해서 이 개념을 용인했다고 주장하였다.

또 하나 중요한 것은 GM식품이 동물실험을 통해 안전하다고 평가되더라도 사람의 일일허용섭취량(acceptable daily intake; ADI)이 정해져야 하는 데 이를 교묘하게 피하고 있다는 주장이다. 동물 안전성 시험을 해서 정해지는 사람의 일일허용섭취량은 실험동물에 해를 끼치지 않는 양의 1/100 이하를 먹을 수 있도록 정하고 있기 때문에 사람이 먹을 수 있는 양이 줄어 소비가 되지 않을 것을 우려했다고 설명한다. 예를 들어 해당 식품 100%를 먹여 동물실험을 했을 때 어떠한 해가 나타나지 않았다고 하면 사람이 먹을 수 있는 최대량은 고작 총섭취량의 1%가 되는 것이다.

또 한 가지 실질적 동등성 개념의 제한요인은 식품성분의 일반분석, 주요영양성분 및 항영양성분 등의 분석으로는 GM 식품에 어떠한 새로운 물질(unintended effects)이 생성되었는지를 확인하는 데는 한계가 있다는 것이다. 이러한 방법은 정해진 특정한 물질이나 성분을 분석하는 것이니만큼 목표로 정하지 않은 성분이나 물질이 생겼다고 한다면 이를 분석해 낼 수 없다는 주장이다. 따라서 의도하지 않은 변화가 생성되었는지 아닌지를 평가하려면 식품 중에 들어있는 성분물질을 모두 분석할 수 있는 여러 가지 방법(프로테오믹스, 단백질 프로파일링, 화합물 핑거프린팅 등)을 사용하여야 한다는 것이다.

지금은 개발사들이 GM신품종에 의도하지 않은 차이를 확인하기 위해 비타깃 어프로치를 활용한다.

사회적 불신

GM식품의 안전성을 국가가 평가해라

반GMO 단체들은 GM식품의 안전성을 평가할 때 개발회사에서 제공한 자료를 검토하는 사실에 대하여 불신을 가지고 있다. 우리가 특허를 내거나 학술 논문을 낼 때와 똑같이 GM작물의 안전성을 평가할 때는 개발자가 제출하는 안전성 자료를 평가한다. 확인이 필요한 것은 확인하고 불충분한 자료는 보강을 요청하며 제출한 자료에 대해서는 제출자가 전적으로 책임지는 그런 시스템이며, 논리적으로 하자가 없고 현실적으로 대안이 없다고 생각된다.

미국의 소비자단체들도 같은 주장을 하는 것에 대해 테일러(Taylor) 교수(미국 네브라스카대학교)는 그렇게 하는 것이 당연하다고 반박한다. 안전과 관련된 분석 경비나 자료 수집 경비는 당연히 해당 개발기업에서 부담하는 것이 마땅하며, 국민이 낸 세금을 이익을 추구하는 기업의 안전성을 확인하는데 써서는 안 된다는 것이다(Hopkin 2001). 다른 식품이나 제품(가전기기, 자동차 등)은 모두 해당 기업에서 안전성이나 분석 경비 등을 부담하는 데 왜 유독 GM식품만 세금으로 분석을 해야 하느냐는 반문이다. 어느 기업을 막론하고 제품의 안전성은 생산회사가 책임지는 것이 당연하다.

결 론

GM 농산물의 안전성에 대한 답은 우리 주변에서 쉽게 찾을 수 있다. GMO의 안전성에 대해 수긍하기를 거부하는 사람들은 안전하다는 증거를 찾지 않으려 하고 인정하지 않으려 하며, 안전하지 않다는 주장을 뒷받침할 설명을 만들어내기에 몰두해 있다. 먼저 GM식품의 인체 안전성에 대하여, 이어서 GM사료의 가축/가금류 안전성에 대해 설명하고자 한다.

GM식품의 안전성: 답은 사람 사는 현장에 있다

GM작물을 개발해서 1996년부터 본격적으로 GM작물을 상업적으로 재배하기 시작한지 20년이 지난 지금 전 세계 60여 나라에서 GM작물을 식품으로 섭취하고 있다. GM식품의 소비역사가 가장 길고 섭취량이 많은 나라가 미국일 텐데, GM 농산물을 식품으로 사용하기 시작한지 20년이 지난 지금까지 3억 명이 넘는 인구 중에 아무도 이상 증상이 생겼다는 객관적인 사례가 없다.

미국에서는 많은 양이 소비되는 것에 비해 우리나라에서는 GM작물을 가공해서 얻은 전분당류와 식용유, 그리고 이들을 포함하고 있는 가공식품을 제외하고는 GM농산물을 먹지 않기 때문에 미국 사람들에 비해 섭취량이 아주 적다고 할 수 있다.

특히 미국에서 20년 이상 GM농산물을 먹었는데 아무 이상이 없었다는 설명에 대해 반GMO인사들의 대응은 놀랄 만하다. 또 다른 많은 이유를 생산해낸다.

GM식품을 많이 섭취하는 미국 사람들이 아무 이상증상이 없다는 주장은 과학적 역학조사를 수행하지 않았기 때문에 추정에 불과하다는 주장이다. GMO 표시제를 도입하지 않은 미국에서 누가 어떤 식품을 먹고 어떤 부작용이 생겼는지 추적할 방법이 없다는 것이다.

그리고 이상증상을 찾아보지 않으니까 보이지 않는 것이라고 주장하였다(Fagan *et al.* 2014f). 첫 번째로 이상증상이 음식을 먹고 바로 생겨야 그 식품과 질병과의 관계를 연관시킬 수 있는데, 예를 들면 증가일로에 있는 암은 잠복기(latent period)가 매우 길어서 섭취한 식품과 관련시키기가 어렵다는 것이다. 두 번째는 어떤 식품(예, GM식품)을 먹고 나타나는 이상증상이 다른 식품을 먹고 나타나는 이상증상과 달라야 문제점을 찾을 수 있는데, 알레르기, 당뇨, 암과 같은 일반적인 질병과의 연관성은 알 방법이 없다는 것이다. 세 번째는 식품을 먹고 나타나는 질병증상이 쉽게 눈에 띄고 명백하지 않으면 원인(GM식품)과 결과(이상증상)를 연관짓기가 어렵다고 하였다.

미국에 GM음식을 먹고 나타나는 이상 증상을 접수하여 기록하고 인과관계를 추적하는 집중 추적 연구기관이 없기 때문에 GM식품이 인체건강에 미치는 악영향을 알아채지 못한다는 주장이다. 트랜스 지방의 해악을 과거에 몰랐던 것과 마찬가지로, GM음식을 먹고 느리게 나타나는 이상 증상이 눈에 띄려면 수십 년간에 걸친 역학조사를 해야 알 수 있을 것이라고 언급하였다. 그러므로 GM식품의 소비로 인한 눈에 잘 안 띄는 심각한 만성 건강 이상의 원인을 알아내려면 많은 사람들을 대상으로 한 장기간의 연구가 필요하다는 주장이지만, 20년 이상의 GM식품 실제 소비활동이 제공하는 안전정보는 2-3년간에 걸친 소위 장기간의 역학시험을 필요로 하지 않는다.

Fagan *et al.*(2014f)은 GM기술이 인체 건강에 유해 작용을 미쳤을 것으로 추정되는 두 가지 케이스를 제시하였는데, 이 두 가지는 L-트립토판의 EMS 증상과 스타링크 옥수수의 알레르기 스토리이며 이 두 가지에 대해서는 앞에서 설명하였다. 이미 GM과 관련이 없는 것으로 밝혀졌지만, 반GMO들은 이에 승복하지 않는다.

GM농산물을 제외하고 치즈 제조용 효소인 레닌(rennin, chymosin)을 어린 송아지의 위에서 추출하던 것을 이제는 GM 기술을 활용해서 박테리아, 곰팡이 또는 효모와 같은 미생물의 발효에 의해 생산한다(GMO Compass, 2016). GM미생물을 이용해 발효로 생산하는 키모신(chymosin) 효소는 80-90% 순수하지만 동물에서 추출하는 것은 4-8%만 키모신이라고 한다. 프랑스와 오스트리아를 제외한 동서유럽과 미국에서 이 효소의 사용이 승인되어 광범위하게 사용되고 있다. 미국과 영국에서 생산되는 치즈의 80-90%는 GM 키모신인 것으로 추정하고 있다. 우리가 외국에서 수입해서 맛있게 소비하고 있는 치즈 제조용 효소가 GMO의 발효산물이라는 사실에 치즈 먹는 것을 꺼리는 사람이 있는지 모르겠다.

그리고 우리나라에 인슐린 주사를 맞아야 하는 사람이 300만 명이 되는데, 2000년대 초 이후 당뇨환자용 인슐린은 현재 절대적 대부분이 유전공학적으로 만든 인슐린이다(유형준,

2015). GM인슐린이 동물에서 추출한 인슐린에 비해 알레르기도 덜 일으키고 동물을 매개로 감염될 수 있는 병원균(예, 광우병)등에 덜 취약하다고 한다. 지금은 지극히 적은 환자들만이 동물에서 추출한 인슐린을 사용하며, 제약사들도 거의 제조하지 않는다고 한다. 1982년에 최초의 GM인슐린이 제조된 이후 20년도 되지 않아 GM인슐린이 의료분야에서 광범위하게 활용되고 있다.

GM농산물 안전성: 답은 축산 현장에도 있다

닭이나 소, 돼지는 옥수수와 콩을 주원료로 해서 만든 사료를 먹여 기르기 때문에, 우리가 먹는 고기, 우유, 계란 등은 콩과 옥수수를 더 맛있게 만들어 먹는 것이라고 말할 수 있다. 우리나라에서 2015년에 생산된 총 배합사료의 양은 약 1,900만 톤이었는데, 그 중에서 옥수수가 42.5%인 811만 톤이었고 콩깻묵이 12.5%로서 240만 톤이었다(한국사료협회 2016 personal comm). 즉, 총 배합사료의 평균 55%를 이루는 것이 GM옥수수와 GM콩 부산물(콩깻묵; 수입 150-200만 톤, 국내 유지생산 부산물 80-90만 톤)이다.

배합사료의 절반 이상이 GMO인 사료를 먹여 우리나라에서 많은 가금류와 가축을 길러 고기, 계란, 우유 및 유가공품으로 소비한다. 우리나라에서 길러 한 해에 잡아먹는 닭이 2014년 기준 약 8억 마리가 되고 어느 순간에라도 기르고 있는 닭의 숫자가 1억 5천만 마리 정도이며, 돼지도 1천 500만 마리 이상을 길러서 고기로 먹는다(축산유통종합정보센터 2016).

우리나라의 곡물 자급률은 30% 남짓이라는 것은 많은 사람들이 아는 사실인데 이들 닭, 오리나 소 그리고 돼지에게는 무엇을 먹일까? 두말 할 것 없이 농산물이 남아서 수출하는 나라로부터 수입한 농산물을 먹여 기른다. 사료용으로 수입하는 옥수수와 콩은 값이 저렴한 GMO이다.

배합사료의 55%를 차지하는 옥수수나 콩은 100% GMO이고 이 두 가지를 합쳐 대략 GMO 1,000만 톤이 사료용으로 쓰여진다. 나머지 사료 900만 톤도 외국으로부터 수입한 밀, 보리, 귀리, 등이며, 이것들은 GMO가 아니기 때문에 논의의 대상으로 넣지 않겠다. 우리나라의 연간 쌀 총 소비량 약 430만 톤과 사료 원료용 곡물 수입량 1,900만 톤을 비교해보면 우리나라가 연간 수입하는 사료용 농산물의 양은 우리나라 국민이 1년간 먹는 쌀의 4배 반이 된다. 2014년 기준으로 우리나라 닭고기, 돼지고기, 쇠고기의 자급률이 각각 81.6, 74.1, 48.1% (황윤제, 허성윤 2016)이고, 나머지 모자라는 고기는 외국으로부터 수입한다.

우리는 고급 음식을 먹기 위해 외국에서 농산물을 수입해 가금이나 가축을 기르며, 우리나라 축산 현장에서 매 순간 닭, 오리, 돼지, 소 등 약 1억 7천여만 마리가 길러지고 있다. 이들 가축에게 GMO사료를 먹여 기르는데, 새끼를 낳지 못한다거나 새끼가 반 이상 죽어서 문제가 있다는 우리나라 축산농민의 불만이나 하소연을 들은 일이 없다.

우리나라뿐만 아니라 전 세계 모든 가금과 가축에게 어김없이 GMO 사료를 먹인다. 이 사실은 유럽연합(EU)이라고 다르지 않다. EU에서 매년 수입해가는 옥수수가 1,200만 톤이고 콩깻묵이 2,170만 톤인데(Index Mundi 2016), 모두 사료용 GMO이다. 그럼에도 불구하고 (우리나라는 물론이고) EU나 전 세계 어느 곳의 축산 현장에서 닭이나 소가 GMO사료 때문에 알이나 새끼를 낳지 못한다거나 기르는 도중에 새끼가 죽는다는 얘기를 듣지 못했다. 그 이유는 너무나 명백한데, 반복해 말하지만 단순히 그런 일이 일어나지 않기 때문이다.

GM농산물을 먹였더니 장기에 이상이 생기고 성장이 불량하다거나, 쥐나 햄스터의 새끼가 조기 사망한다거나 하는 소설 같은 얘기는 앞에서 언급한 불량 과학자 5인방의 연구실에서만 나왔다. 현실 세상에는 없는 얘기이므로 소설 중에서도 픽션(fiction)이라고 밖에 말할 수 없다.

근거없는 의혹의 전파 고리가 존재한다

다섯 명의 무책임한 사람들(푸스타이, 세랄리니, 에르바코바, 수로프, 벨리미로프)의 실험실에서 불과 10마리 이내의 쥐를 케이지 안에 넣고 사료에 GM옥수수나 콩을 섞여 먹였더니, 새끼도 낳지 못하고 많은 어린 새끼들이 죽었다는 연구결과를 발표했다. 그리고 GM콩의 첨가량을 사료량의 11%, 22%, 33%를 넣어줬더니 11% 첨가 사료를 먹인 동물이 더 많은 GMO를 먹인 동물보다 더 많이 죽었다고 한다면(Seralini *et al.* 2007) 상식적으로 논리가 맞지 않는다. 과학자가 아니더라도(백우진 2016) 그리고 오래 생각해보지 않아도 알 수 있는 아주 단순한 오류임에도 불구하고 말이 안 되는 정보가 잡초처럼 퍼지는 그 원인의 연구가 앞서야 할 것 같다.

비논리적이고 비과학적인 하급 정보를 아주 효과적으로 실어 나르는 사람들이 있다. 미국의 제프리 스미스(Jeffrey Smith)가 대표적이며 그가 2007년에 출판한 '유전자 룰렛. GMO의 건강 위해성 도큐먼트' 〈'Genetic Roulette. The documented health risks of genetically engineered foods'〉는 GMO의 각종 근거 없는 위험성을 알리는 반GMO 본산역할을 한다.

지금도 마찬가지이지만 외국에서 GMO로 인한 불임이 화제가 된 일이 있었다(Poulter 2008, Cotter 2008). 최근 2015년에 우리나라 다음(Daum) 네티즌 토론광장 아고라에 'GMO쓰나미, 한국인 단종임박'(2015년 1월 1일)이라는 글이 올랐고 지금(2016년 7월 26일)도 검색된다. GM콩을 실험동물(쥐, 햄스터)에게 먹였더니 불임률이 비정상적으로 높아졌다는 에르마코바 박사와 수로프 박사의 불량한 동물실험의 결론을 사람에게까지 연장시켜 공포감을 유발시킨 케이스이다. 그 글은 기러기나 다람쥐가 GM콩은 먹지 않고 non-GM콩만 골라 먹더라는 황당한 스토리와 저질 과학자 5인방의 비정상적인 과학스토리를 모두 열거하며 불안감을 부추기고 있었다. GMO 소비와 불임과의 관계 가설을 학술적으로 검증한 결과(Gao *et al.* 2014) 그렇게 단정 지을 근거가 전연 없다는 결론이 있었다.

GM작물이 소개된 지 20년이 지난 지금까지 동료평가를 거친 학술논문에서 안전성 위협요인이 있다는 것이 구체화된 일은 없었고, 가축이나 인체에 건강위해 문제가 발생한 적이 없었다는 점으로 보아(Marshall 2007, Gunther 2014, Van Eenennaam & Young 2014) GM식품의 안전성이 사회적으로 증명되었다고 판단해도 무방하다고 보겠다.

GMO를 반대하는 사람들은 GM식품의 유해성 의혹과 주장이 힘을 잃기 시작하자 제초제 글리포세이트의 안전성에 대한 의혹을 내세우기 시작했으며, 그 주장의 바탕은 아르헨티나의 신생 GM콩 생산지 차코(Chaco)지역의 인체, 가축 및 식생에 대한 유해성이다(Branford 2004, Robinson 2010, Ho & Sirinathsinghji 2013, Pressley 2014, 한 살림 2016). 참고로 2007년에 출판된 책 '유전자 룰렛'(Smith 2007a)에는 글리포세이트의 유해성 주장이 없다. 글리포세이트 유해성 주장은 GM식품의 유해성 내용과는 다른 별도의 사안이기 때문에 따로 떼어서 다룰 계획이다.

부 록

부록 1. GMO 안전성에 대한 초기 논쟁

이 내용은 2001년 New York Times에 게재되었던 기사의 일부이다. 이 기사 내용은 GMO 개발초기부터 개발사의 대(對)소비자 대응전략과 미국정부의 GMO에 대한 정책을 비추어 주고 있어 한편 흥미로우며 한편 GMO 발전사의 작은 역사를 보는 듯하여 유익하다고 판단되어 부록으로 싣는다. 기사의 제목은 〈Biotechnology Food: From the lab to a debacle〉이며 인터넷에서 검색되므로 찾아볼 수 있고, GMO 발전사의 작은 역사의 기록이라고 할 수 있는 〈Biology debate. New microbes bring new fears〉라는 부제목이 달린 부분만 번역하였다.

New York Times 2001년 1월 25일
(Eichenwald K, Kolata G & Petersen M 기자 작성)
제목: Biotechnology Food: From the lab to a debacle
부제목: 〈Biology debate. New microbes bring new fears〉
(생물학 논쟁. 새로운 미생물이 불러오는 새로운 두려움)

전략........

1970년 여름. 자넷 멀츠(Janet Mertz)라는 여학생은 미국 동부의 생물학 연구로 명성이 아주 높은 콜드스프링하버 연구실(Cold Spring Harbor Laboratory)에서 바이러스 분야의 권위자인 로버트 폴락(Robert Pollack) 박사로부터 동물 바이러스에 대한 지도를 받고 있었다. 자넷은 폴락 박사에게 자기가 그 해 가을에 스탠포드 대학교(Stanford University)에 가서 연구할 내용에 대해 설명하고 폴락 박사의 의견을 청취하고자 하였다. (스탠포드대학교에서 자넷을 지도할 교수는 후에 노벨상을 받은 폴 버그(Paul Berg) 교수였으며, 자넷은 스탠포드 대학교에 진학하여 폴 버그 교수와 많은 공동 연구 논문을 발표하였으며 해당 분야의 최고 전문가로 성장하였다.) 자넷의 연구 계획은 원숭이 바이러스(Simian virus 40)에서 떼어낸 유전자들을 대장균(*Escherichia coli*)에 집어넣고 유전자가 어떻게 작동하는지를 알아보려는 것이었다.

자초지종을 들은 폴락 박사는 놀라지 않을 수 없었다. 자넷이 떼어내어 대장균에 넣으려는 유전자 중에는 설치류 암 유전자가 포함되어 있었기 때문이다. 폴락 박사는 대장균은 사람의 장내에 서식하는 일반적인 세균이기 때문에 우려의 대상이 된다고 생각하였다. 만일에 사람에서 사람으로 전파될 수 있는 대장균이 암 유발 유전자를 가지고 있다면 무슨 일이 일어날까? 폴락 박사는 이러한 우려를 자넷에게 얘기하고 그 실험을 하지 말라고 종용하였다. 그리고 자신의 입장을 밝혔다.

"나는 사람과 관련되는 실험에 참여하고 싶은 의향이 없다"고 최근의 인터뷰에서 말했다고 한다.

이 일로 인해 폴락 박사와 향후 자넷의 지도 교수가 될 버

그 교수와의 사이에 GM박테리아 실험의 안전성에 대한 공방이 벌어지게 되었고 급기야는 전 세계 생물학자들 간의 논쟁으로 비화하기에 이르렀다.

그렇다면 유전자재조합(GM)세균은 슈퍼박테리아(superbug)일까?

GM세균은 기존 자연 종에 비해 더 강력한 특징을 가졌을까?

재조합 실험은 안전성을 보장할 수 있는 격리 실험실 내에서 해야 할까?

로스안젤레스(Los Angeles) 소재 남가주대학(University of Southern California)의 법의학 교수인 알렉산터 카프론(Alexander Capron) 교수는 "종간장벽을 넘어 유전자를 이동시킬 수 있다는 생각에 대해 많은 사람들은 경악을 금치 못하는 것 같다." 고 말했다. 일반 사람들은 생물의 종간에는 장벽(barrier)이 있다고 믿고 있으며, 그것을 넘어 유전자를 이동시킨다는 것은 자연을 인위적으로 변화시키는 것이므로 비자연적이라고 생각한다고 말했다.

이 일로 인해 많은 과학자들이 GM박테리아의 안전성 논쟁에 참여하게 되었고 잠정적으로 유전자 재조합에 대하여 더 많은 것을 알게 될 때까지는 엄격한 통제가 필요하다는 결론에 도달하였다*. 1975년 이 분야의 우수한 학자들이 미국 캘리포니아의 퍼시픽 그로브(Pacific Grove)시에 있는 아실로마 컨퍼런스 센터(Asilomar Conference Center)**에 모였고 이들 분자생물학자들은 어떤 종류의 유전자 재조합 실험도 하지 말며, 할 수 있도록 분류된 실험이라고 하더라도 엄격한 규제에 따르자고 합의하였다. 해서는 안 되는 실험을 하지 못하도록 하기 위해 미국 국립보건연구원(National Institute of Health; NIH)에 위원회를 설치하고 관련된 모든 과제에 대하여 사전 검토한 뒤에 연구를 수행할 수 있도록 조치하였다.

그 후 몇 년간에 걸쳐 수백회의 안전성 실험을 수행해 본 결과 일단 급한 질문에 대한 답은 나왔다. 박테리아에 유전자를 넣거나 빼거나 하는 조작을 하고 이러한 GM세균과 원래의 종을 섞어서 배양하는 실험을 수도 없이 해보았다. 유전자 재조합했을 때 슈퍼박테리아가 생기기는커녕 두 종을 섞어서 같이 배양하였을 때 GM세균은 살아남기가 어려웠다. 어떤 유전자든지 세균에 집어넣게 되면 그 해당 세균은 약해져서 경쟁력이 약해진다는 것이 발견되었던 것이다.

이에 따라서 NIH는 1980년대 중반쯤에 GM미생물 연구에 대한 제한조치를 모두 풀게 되었다. 처음에 문제가 있을 것이라고 경종을 울렸던 폴락 박사도 안전에 문제가 없다는 쪽으로 이해하게 되었다. 중요한 질문에 대한 답이 명확하게 나왔던 것이다. 즉, 어떤 세균에 외래 유전자를 넣었을 때 의도하지 않았던 위험한 슈퍼박테리아가 나오지 않는다는 것이었다.

이 발표는 마치 출발점에 서서 기다리던 달리기 선수들에게 경주의 시작을 알리는 피스톨 소리와 같아서, 먼저 제약회사들이 발 빠르게 움직였고 새로운 의약품을 만들고자 하는 기대가 부풀었다. 생명공학기술에 의해 수 백 가지의 의약품이 개발되었는데, 사람의 인슐린(human insulin), 심장병 치료제 액티베이스(activase), 신장병 치료약인 에포젠(epogen), B형간염 백신 등이 대표적이다. 미국 뉴욕의 메모리얼 스로안-케터링

암센터(Memorial Sloan-Kettering Cancer Center)의 대표의사인 데이비드 골드(David Golde) 박사는 "대단한 일입니다. 이 GM기술은 인간의 건강을 크게 변화시켰습니다."라고 언급하였다.

GM미생물을 이용한 의약품 생산이 제약업계에 가져다준 성공을 비추어보았을 때, 이 기술을 활용하면 월 스트리트(Wall Street)의 환영을 받을 것이 너무나 명확하기 때문에 미국 대형 농업관련 회사들이 이 기술에 즉각적인 관심을 가지게 되었다.

* 재조합 DNA 연구에 대한 우려가 커지자 1974년 7월 버그 교수를 위원장으로 하는 미국 과학한림원 재조합 DNA위원회에서 유전자 재조합 DNA의 잠재 위험을 예방하기 위한 권장사항 4가지를 PNAS 저널에 제시하였다(Berg *et al.* 1974). (1) 재조합 DNA의 잠재위험에 대한 이해가 더 높아지고 재조합 DNA의 전파를 적절히 통제할 수 있는 방법이 나올 때까지는 전 세계 과학자들은 자발적으로 다음과 같은 연구를 뒤로 미루자. (2) 많은 종류의 동물 DNA에는 RNA 종양 바이러스와 공통되는 서열이 있으니, 동물 DNA를 박테리아 플라스미드나 파아지 바이러스에 재조합할 때는 매우 신중해야 한다. (3) 국립보건연구원(NIH) 원장은 자문위원회를 설치하여 재조합 DNA가 미칠 수 있는 잠재적인 환경적 및 생물학적 위해 평가연구를 감독하게 하고, 재조합 DNA 전파를 최소화시킬 수 있는 실험방법을 고안하며, 잠재적인 위험요소가 있는 재조합 DNA를 다룰 때 요구되는 가이드라인 마련을 요청했다. 그리고 마지막으로 (4) 이듬해인 1975년 이른 시기에 전 세계의 해당 과학자들이 모여 재조합DNA 분야의 연구 상황을 조명하고 잠재 위험 최소화 방안에 대하여 토론하는 자리를 만들 것을 권장하였다. 이에 따라 1975

년에 아실로마 컨퍼런스가 개최된 것이다.

** 1974년 7월 버그 교수가 이끄는 위원회에서 추천한 대로 1975년 2월에 캘리포니아주 퍼시픽 그로브 시(市) 아실로마 컨퍼런스 센터에서 재조합 DNA국제학술회의(International Congress on recombinant DNA molecules)가 개최되어 재조합 DNA 연구를 진행하되, 예상되는 잠재적인 위험도에 따라 격리(containment)된 실험실에서 주의해서 재조합DNA 연구를 수행하기로 합의하였다. 당시로서는 위험도에 대한 확실성이 없기 때문에 개별 연구자가 자기 책임 하에 격리 수준을 정할 것을 권장하였다(Berg *et al.* 1975). 이 회의를 아실로마 재조합 DNA 컨퍼런스(Asilomar conference on recombinant DNA molecules)라고도 한다. 격리실험을 위한 위험도 구분은 최소위험군, 저위험군, 중위험군, 고위험군으로 나누어 격리 조치할 수 있는 가이드라인을 제시하였고, 실험 타입은 제1그룹 (원핵세포, 박테리오파아지, 박테리아 플라스미드), 제2그룹 (동물 바이러스), 제3그룹 (진핵세포), 그리고 당시 현재 단계에서 실험을 잠정적으로 중단해야 하는 제4그룹으로 나누었다. 제4그룹으로 지정된 실험은 고병원성균의 DNA, 독소유전자를 포함하는 DNA에 대한 재조합 DNA 제조 & DNA 발현물이 사람, 동물 또는 식물에 잠재적인 해를 가할 수 있는 DNA를 함유하는 재조합미생물 10리터 이상의 대량배양 등이었다.

위 권장사항의 실행방법에 대해서도 잠정적인 가이드라인을 제시하였다.

부록 2. GMO 대안

GMO 반대자들은 GMO 대안으로 다음과 같은 의견을 제시하였다. 유전자표식에 의한 선발방식(MAS; Marker Assisted Selection)과 유전자지도작성법(gene mapping)을 전통육종에 활용하면, 고수율, 가뭄내성, 해충 및 질병 저항성작물을 개발하는데 있어 GM 기술을 능가할 수 있다고 주장했다(Fagan *et al.* 2014d). 그러면서 식량생산의 효율과 품질을 좌우하는 데에 작물의 유전성은 아주 적은 역할을 할 뿐이며, 정작 중요한 것은 영농방법이라고 했다. 지금 우리가 필요로 하는 것은 고수율, 기후대처용, 질병저항성 작물(GM crops)이 아니라, 생산성이 높으며 기후변화에 대비되어 있고, 질병저항성이 있는 농업방법[Agriculture)]이라고 주장하였다.

GMO 기술은 전통 육종방법의 연장선상에 있고, GMO라고 해서 non-GMO에서 나오지 않는 특이한 위험성이 나타날 가능성은 없다는 개발자의 주장에 반GMO 인사들은 찬성하지 않는다(Fagan *et al.* 2014h). GMO를 통해 미래의 식량부족 문제를 해결할 수 있다는 주장에 대해, 반GMO들은 효과적이고, 언제든지 사용할 수 있는 전통농업기술이 확보되어 있고, 지속가능한 해결책이 있는데 왜 굳이 위험을 무릅쓰고 GMO를 사용하느냐고 질문한다.

반GMO 활동가인 제레미 리프킨(Rifkin 2006, 김민희 2008)도 GMO 대신 MAS가 대안이라고 하며, 이는 생명공학 기술을 전통 육종기술에 도입하는 것이라는 설명이다. 이 방법은 유전자 변형이 없고, 최첨단이며, 정보 개방형이라 거대기업의 독점을 막을 수 있기 때문에 자기는 GMO는 반대지만 MAS는 찬성한다고 했다. 리프킨 자신이 소속해 있는 경제동향연구재단이 그린피스, 우려하는 과학자모임(UCS; Union of Concerned Scientists) 등의 반GMO 단체와 토론회(2007)를 열었는데, 많은 그룹이 MAS를 찬성했다고 한다. 그래서 그런지 몰라도 반GMO 단체와 그 소속 인사들은 GMO는 반대하는데 MAS는 찬성한다고 모두 같은 말을 한다.

그리고 MAS를 유전자재조합이라고 잘못 언급하는 사람도 있지만 이 기술은 특정 성질을 나타내는 유전자를 빠르게 찾아 육종을 신속하게 진행할 수 있도록 도와주는 유용한 기술이다. MAS를 이용하면, 작물별 특정 DNA 정보와 실제 형질과의 관련성을 바탕으로 우수형질을 가지는 개체를 선발하고 불량형질을 가지는 개체를 제거할 수 있어 유용하다. MAS기술에는 GMO가 주는 위험성이나 불확실성 같은 것은 없기 때문에(Rifkin 2006, Fagan *et al.* 2014d) 유기농민이나 지속가능한 농업에 종사하는 사람들이 지지하는데, 다만 이 기술을 이용해 개발한 작물의 특허 소유권을 인정하는 것을 반대한다는 주장을 편다(Rifkin 2006).

그러나 MAS는 GM기술과 그 기술의 목적과 효용성이 다르다. MAS는 GM기술과는 달리 유용한 유전자를 필요한 데로 이동시킬 수 있는 기술이 아니다. 리프킨은 MAS나 유전자지도작성법으로 유용 유전자를 (가진 개체를) 용이하게 찾아낼 수는 있다고 하더라도, 유용 유전자를 원하는 작물로의 이전 방법에 대해서는 언급하지 못했다.

부록 3. 소비자 소통과 과학자의 역할

우리 자연과학자들은 흔히 '일반인들은 생명과학에 대한 이해가 부족하기 때문에 GMO에 대한 인식이 부정적이고 수용도가 낮다'고 생각한다. 따라서 올바른 정보를 충분히 제공하면 GMO에 대한 인식이 긍정적으로 변하고 수용도가 높아지리라는 믿음을 가지고 올바른 정보 전달에 많은 노력을 기울이고 있다.

그런데 지난 해(2015년)에 미국 National Academy of Sciences가 개최했던 라운드 테이블 워크숍(제목; Public Engagement on Genetically Modified Organisms when Science and Citizens Connect)에 참여한 사회과학자들의 토의 결과를 보면 소비자 소통은 꼭 그렇지 않다는 것이었다. 사회과학분야 커뮤니케이션 전문가들의 토의내용 중에서 핵심부분을 요약하여 부록으로 제공하니 참고하여 소비자 소통에 활용하시기 바란다. 원문이 필요한 경우 인터넷에서 제목을 검색하면 PDF 파일을 구할 수 있다.

GMO 논란은 왜 그칠 줄 모르나?

(원탁회의 의장, 미국 위스콘신대학교, Scheufele 교수)
GMO는 오랜 동안 논란의 대상이었으며, 전혀 새로운 이슈가 아님에도 불구하고 왜 아직도 GMO 논란은 거듭되고 있는가?

- GMO는 "대부분의 신기술"이 그러하듯, 고도로 정치화된 과학분야이며,

- 정치체계가 불확실하고, 의사 결정에 따르는 위험부담이 높은 탈정상과학(post-normal science*)에 속하기 때문이다.

쉽게 정치화되고 탈정상과학화되는 과학기술이란 아주 복잡하고, 실용화가 빠르며, 과학기술력 못지않게 윤리, 법률적 및 사회적 이슈가 중요하게 인식되는 경우에 해당된다.

(* Post-normal science represents a novel approach for the use of science on issues where 'facts uncertain, values in dispute, stakes high and decisions urgent.' Wikipedia)

GMO에 대한 지지가 부족한 것은 사람들의 과학지식이 부족하기 때문이라는 생각은 착각이다

(Scheufele 교수) 지식부족모델(knowledge-deficit model)의 배경에는 사람들에게 더 많은 정보를 제공하면 과학 지지도가 더 높아질 것이라는 생각이다. 다수의 과학자들이 지식부족모델을 믿고 일반 대중의 과학지식을 향상시키고자 많은 수고를 하고 있다. 그러나 사람들이 어떤 과학이슈에 대한 정보나 지식이 많으면, 오히려 역효과를 가져올 수도 있다는 것이 사회과학 연구를 통해 입증되었다.

충분한 정보가 제공되면 GMO를 지지할 것이라는 생각을 맹신하지 마라

(Scheufele 교수) 사람들은 자기의 신념에 부합되지 않는 정보보다 부합되는 정보에 더 큰 가중치를 부여하기 때문에 감정적 추론이 발생한다. 과학자들은 물론 모든 사람들은 감정적 추론을 하는 경향이 있는데, 동일한 과학정보를 접하고도

사람마다 다른 의미로 받아들이는 것은 감정적 추론 때문이다.

(식품과학 및 과학보건 저널리스트, Haspel 기자) 우리는 자신이 믿는 신념을 확인하고 싶은 열망이 있는데, 사회 과학자들은 이를 **확증편향**이라 칭한다. 우리는 자신의 신념과 일치하는 사람이나 매스미디어 등의 정보소스를 찾으려고 한다. 뿐만 아니라, 우리는 자신의 신념에 상충하는 정보는 걸러내어 무시해 버리는 경향이 있고, 자신의 신념에 부합되지 않는 정보를 들으면 자신의 입장을 옹호하기 위해 자기 자신의 입지를 강화하려는 경향이 있다.

확증편향은 기본적으로 관점이 자신과 동일한 사람만을 믿을 수 있는 사람이라고 생각하게 만든다. 사람이 생각을 바꾸기가 어려운 것은 확증편향성 때문이다.

일반인들이 과학자처럼 생각할 수 있으면 GMO를 지지할 것이라는 생각은 착각이다

(Scheufele 교수) 일반인들이 과학자들처럼 사고할 수 있도록 훈련시키면 과학에 관한 사회적 논쟁을 할 때 과학쪽 상황이 유리해질 것이라는 생각은 착각이다. 그 이유는 과학자들조차도 과학자들이 생각하는 것처럼 사고하지 않기 때문이다.

그렇다면 우리는 어떻게 사고하는가? 사람들은 인지적 구두쇠라고 할 수 있다. 우리는 심리적 지름길을 사용하여 입수한 정보를 처리한다. 심리적 지름길이란(인지적 사고를 통하지 않고) 입수한 정보를 신속하게 판단하는 방법을 말한다. 정보가 있다고 해서 모든 의사 결정에 그 많은 정보들을 다

이용할 수는 없기 때문에, 자신의 신념에 바탕을 두어 생각을 결정한다.

(미국 위스콘신대학교, Brossard 교수) 사람들이 심리적 지름길을 사용하는 것은 수많은 의사 결정을 해야 하는 인간의 정상적인 반응이다.

일반인들은 어떤 과학자를 신뢰하는가?

(Brossard 교수) 일반인들이 과학에 관한 얘기를 들을 때 말하는 사람의 지식수준보다 그 사람에 대한 신뢰도가 더 중요하게 작용하며, 과학 내용을 전하는 사람을 신뢰할 때만 그 사람의 메시지를 받아들인다.

사람들은 자신의 관점과 일치하는 전문가들을 진정한 전문가로 간주하고 그 사람의 말을 경청하는 반면 그렇지 않은 전문가의 견해는 묵살했다. 그럼에도 불구하고, 조사 참여자들 중에 자신이 비논리적이라고 생각하는 사람은 단 한명도 없었다.

(러트거스대학교, Hallman 교수) 사람들이 어떤 주제에 대한 자신의 지식을 과대평가하면 스스로 더 많은 정보를 얻으려고 노력할 가능성이 낮으며, 그럼에도 불구하고 새로운 정보를 추가하여 스스로의 생각을 재정비한다면 기존의 자기 생각을 더 강화하는 결과만 초래한다.

일반인들이 GMO에 관한 올바른(right) 생각을 할 수 있을지를 알고 싶다는 질문에 대한 '나의 대답은 yes이지만, 답은 당신이 올바르다는 것을 어떻게 정의하느냐에 따라 달라질 수 있다.'이다.

사람들이 가치 결정을 할 수 있으려면 GMO와 관련된 위험과 편익을 비교할 수 있어야 하는데, 많은 미국인들은 GMO가 무엇을 의미하는지, 또는 그 기술응용에 따라 수반되는 영향에는 어떤 것이 있는지 잘 알지 못하면서도, 여전히 GMO에 관한 가치 평가를 한다. 예를 들어, 유전자변형을 통해 새로운 식물을 만드는 것에는 찬성하지 않는다고 응답했던 사람들이 동일한 조사에서 오염수를 정화할 수 있는 나무를 만들거나, 영양가가 더 높은 작물을 개발하는 것에는 찬성하였다.

과학정보 프레이밍(Framing)하기

(Brossard 교수) "프레임 없는 정보는 없다"고 강조했다. 뿐만 아니라, 가장 강력한 프레임은 부정적인 프레임인 경우가 많다.

(Scheufele 교수) 프레임은 때로는 의도하지 않은 결과를 불러올 때도 있는데, 1999년 워싱턴 포스트지에 헤드라인으로 실렸던 "바이오텍이냐 밤비(Bambi) 곤충이냐: GM옥수수가 제왕나비를 죽일 수 있다."를 예로 들었다. GMO 이슈를 이처럼 프레임함으로서 사람들에게 아기사슴 밤비에 대한 이미지를 연상하도록 했고, 이를 통해 바이오테크놀로지를 부정적으로 연상시켰다. 이 같은 프레임은 제거하기가 어려우며, 누가 이 프레임을 고쳐서 리프레임 하려고 하면 그 동기를 (불순한 것으로) 문제 삼을 수 있다. 이미 프레임된 것을 언프레임 시키기는 매우 어렵기 때문에, 이미 알고 있는 어떤 내용에다 과학스토리를 스스로 연결시켜 생각할 수 있도록 개발 초기부터 과학기술 소개 방법을 미리미리 생각해 두어야 한다.

미디어가 소통에 미치는 영향

(Brossard 교수) 매스미디어가 미칠 수 있는 영향으로서 첫 번째는 언론이 다양한 형태로 프레이밍(framing)할 수 있다는 점이며, 두 번째는 소통 연구자들 사이에서 '침묵의 나선(a spiral of silence)'이라 부르는 현상으로서, 목소리 큰 소수가 매스미디어를 통해 점점 더 많은 주목을 받게 될 때 발생한다. 그리고 일반인들이 언론에 보도된 내용을 주제로 얘기를 하기 시작하면 소수 의견에 대한 세간의 주목은 증폭된다. 이렇게 되면 사람들은 (목소리 큰) 소수 의견이 다수를 대표하는 것으로 오판하게 되며, 이런 상황에서는 소수의 의견에 찬성하지 않는 사람들은 침묵한다.

과학 인식에 영향을 미치는 세 번째 매스미디어 효과는 인식 배양(cultivation)이다. "엔터테인먼트 미디어를 보면 볼수록, 미디어에서 보았던 특정한 현실 묘사가 우리 마음속에 자리 잡게 되며, 사람들은 그 묘사가 현실이라고 생각하게 된다. 예를 들어, TV에 폭력이 난무하는 것을 자주 보면 세상을 실제보다 더 험악한 것으로 생각한다."

GMO에 대한 미국 소비자의 견해

(애디드 밸류 체스킨 사, Stephen Palacios씨) 미국 식품업체 마케팅 측면에서 GMO에 관한 논쟁은 이미 부정적으로 프레임 되어 있다. 그 증거로 인터넷에서 GMO라는 용어를 검색하면 당장 알 수 있다. Google에서 검색해도 GMO에 찬성하는 사이트는 것의 없고, 반대하는 사이트가 대부분이라는 것을 단박에 알 수 있다. GMO를 주제로 하는 영화나 서적도 대

부분 GMO의 부정적인 측면을 다룬다.

창업한지 20년이 되었으며 멕시코 음식 레스토랑으로 큰 성공을 거둔 치폴레(Chipotle)는 최근에 GMO 식품 자율 표시를 결정하였고, 장래에는 non-GMO만 취급하겠다는 계획을 선언한 최초의 레스토랑이다. 치폴레의 GMO 전략은 소비자 권익 측면에서 하나의 새로운 트렌드를 만들어 다른 식품 서비스 업체들에게 영향을 미칠 가능성이 있다. 치폴레는 우리나라에서도 같은 방식으로 사업하고 있다. GMO 식품의 안전성이 과학적으로 증명되었다고 하더라도 식품제조업자들과 식품업계 경영진은 GMO에 대한 소비자 의견의 영향을 받지 않을 수 없다. 다음은 미국 소비자 조사 결과이다.

- 열 명 중 네 명은 식단에서 GMO를 빼거나 줄이고 있다.
- GMO는 식품산업계에 골칫거리의 상징물이 되어가고 있다.
- GMO의 악영향에 대한 우려를 가지고 있다.

GMO 표시제는 과학 문제인가?

(Hallman 교수) 자연과학 측면에서 볼 때, 표시제를 도입하려면 적절한 허용기준치를 설정해야하는 만만치 않은 난제가 있다. 유럽연합에서는 GMO 비의도적 허용기준치가 0.9%로 설정되어 있으며, 어떤 것은 GMO로(부터) 만들어졌어도 표시의무가 면제되는 것이 있으며, GMO 관리상의 다양한 관련 법규가 있는 점을 지적하면서, 이와 같은 법이 과학적 근거가 있는 것인지에 대해 질문하였다.

표시가 소비자들에게 과학적 사실과는 다른 인상을 심어주기도 하는데, 예를 들면, GMO 허용기준치 설정과 관련하여, GMO 함량이 허용기준치 이상이면 인체건강에 문제가 있는 것으로 생각하고, 그렇지 않으면 문제가 없는 것으로 생각할 수 있다. 따라서 이와 같은 잘못된 인상을 떠올리게 하는 표시를 하도록 규정하는 것이 표시 오류에 해당되는 것인지 검토해야 할 것이다.

(Haspel 기자) GMO 표시를 하는 것은 과학 문제가 아니다. 일반적으로 식품에 표시를 할 때 무슨 내용을 표시해야 하는지를 뚜렷이 알려주는 통일된 이론은 없다. 어째서 특정 성분은 표시해야 하고, 다른 성분은 그렇지 않은지가 불분명하다. 비타민 A는 표시해야 하지만, 비타민 D는 표시하지 않아도 된다. 이와 같이, 식품 표시제도에는 과학 이상의 무엇이 관련되어 있으며, 식품 표시에 무슨 내용을 표시하는 것이 적절한지, 그리고 적절하지 않은 내용은 어떤 것인지는 과학으로든 또는 정책으로든 명확하게 답할 수가 없다.

GMO 의무표시제 도입의 의도적 및 비의도적 결과

(미국 자원보호위원회, Goldston 박사) GMO 의무표시제 도입을 지지하는 사람들은 소비자가 GMO 표시를 경고로 해석하기를 바라는 사람도 있는데, GMO 식품이나 GMO 원료가 포함된 식품에 경고표시를 하는 것이 적법한가?

(캘리포니아대학교, Goldberg 교수) GMO 표시제 이슈는 GMO에 표시를 하느냐 아니냐가 아니고, 표시제의 도입이 강제성을 띠어야 하는지에 관해 사회적 논의이다. 표시를 강제적으로 하게 하면 무언가 해롭거나 부정적이라는 인식을 갖

게 한다. 공공정책은 선거나 여론을 통해 만들어지는 것이 아니다. GMO 표시를 의무화시키면 소비자의 선택 기회는 더 적어진다.

편견으로부터 해방되고 오픈된 생각 갖는 방법

(Haspel 기자) 당신의 판단이 잘못되었던 예가 있었는지를 생각해봐라. 사람들은 자기 생각은 항상 옳다고 보는 경향이 있고, 다른 사람의 의견에 앞뒤가 맞지 않는 것을 잘 찾아낸다. 자신의 생각이나 판단에 잘못이 있을지 모른다는 생각에 익숙해지기는 아주 어려운 일이다.

그리고 중요한 문제에 대해 자신의 생각을 바꾸어 본 적이 있는지 생각해봐라. 사람들이 생각을 바꾸는 데는 상당한 시간이 걸릴 수 있다. 하룻밤 만에 또는 토론 한번 하고서 사람들이 생각을 바꾸기를 기대하는 것은 비현실적이다. 정보가 자신의 의견과 일치하면 그 출처를 신뢰하고 싶은 강한 유혹에 빠지기 쉽다.

나와 견해를 달리하는 사람 중에서 가장 똑똑한 사람을 찾아서 만나 질문을 하고, 얘기를 들어 보는 것이 좋다. 이와 같은 일을 통해 반대 입장에 대한 최상의 논리를 배우기도 하고, 때에 따라서는 자신의 견해를 바꾸기도 하고 일부 조정하기도 해서, 더 오픈된 마음가짐을 가질 수 있다.

소통과 설득은 동의어가 아니다

(미국 에너지부, Borchelt씨와 미국 노스캐롤라이나주립대학교, Delborne 교수) 과학자와 일반인 간의 소통의 자리를 설득

의 자리로 생각해서는 안 된다.

(Haspel 기자) 소통과 설득의 차이를 확실하게 구분하려면, 진정한 의미에서 다양한 사람들로 구성된 대화의 장이 마련되어야 하며, 여기에서 공통점을 찾으려는 노력을 기울여야 한다.

문 헌

강기갑. 유전자조작 콩 먹인 쥐에게 벌어진 일. 함께 사는 길. 162: 55-57(2006년 12월).

김민희. [집중 인터뷰] 석학 리프킨에 들어본 쇠고기 GMO 개방. 서울신문(2008년 5월 5일). http://www.seoul.co.kr/news/newsView.php?id=20080505006006(2016년 6월 23일 검색)

김영선. 미국산 일부 수입 옥수수에서 "스타링크"검출. 식품의약품 안전처(식품유통과)(2000년 12월 18일)

박지혜. 밥상위의 옥시 GMO. 뉴스1코리아(2016년 6월 7일). http://news1.kr/photos/details/?1968552(2016년 6월 23일 검색)

백우진. [따져 봅시다/ GMO 농작물은 진짜 해로운가] 콩 · 옥수수 안전성 시험 1990년대에 끝나. 이코노미스트, 중앙시사매거진 1333호(2016년 5월 09일). https://jmagazine.joins.com/economist/view/311288(2016년 7월 18일 검색)

법제처. 식품위생법. 제18조(2016). http://www.law.go.kr/lsInfoP.do?lsiSeq=183724#0000(2016년 6월 23일 검색)

유전자조작식품반대 생명운동연대. 〈성명서〉 GMO 후대교배종 안전성평가 실시요구 성명서 율목 icoop 생협(2009). http://blog.naver.com/yulmok09/60111104946(2013년 4월9일 검색)

유형준. 당뇨병치료의 필수 호르몬 인슐린의 속살: GMO 사람 인슐린에 대해. Food News 식품저널 인터넷 식품신문(2015. 10. 13).

이창용. 유전자재조합 농산물과 식품이 당면한 국제적인 문제. 식품과학과 산업. 33(1):46-49(2000).

한국 사료협회 personal comm(2016).

축산 유통종합정보센터(2016). http://www.ekapepia.com/user/distribution/distDetail.do?nd93763(2016년 7월 19일 검색)

최낙언, GMO에 대한 합리적인 생각법 모든 생명은 GMO다. 예문당 14-112(2016).

최명국. 이양호 농촌진흥청장 “GM작물 안전성 관리 철저히”. 전북일보.(2016년 4월 19일).

한국바이오 안전성 정보센터(KBCH). 사료용 옥수수를 사람이 먹었다? 스타링크 사건, 유전자변형생물체(LMO) Q&A용어집. 58-59(2016).

한살림 http://www.hansalim.or.kr/(2016년 8월 2일 검색)

한살림. 차코의 눈물, GMO콩이 불러온 끔찍한 재앙(2016년 4월 7일). http://www.hansalim.or.kr/?p=40361(2016년 8월 2일 검색)

황성조. “GMO연구, 종자주권 · 식량안보 차원서 반드시 필요”. 전라일보 (2016년 4월 18일)

황윤재, 허성윤. 2014 식품수급표, 한국농촌경제연구원. p234(2016) http://library.krei. re.kr /dl_images/001/039/E05-2015.pdf(2016년 7월 20일 검색)

허영만. 허영만 식객, 두부대결 16권, 두부의 모든 것. p316(2007)

Altenbach SB, Pearson KW, Leung FW, Sun SSM Cloning and sequence analysis of a cDNA encoding a Brazil nut protein exceptionally rich in methionine. Plant Mol Biol. 8: 239-250(1987)

Ames BN, Profet M, Gold LS. Dietary pesticides(99.99% all natural). PNAS 87: 7777-7781(1990)

ANZFA. Food derived from insect and potato virus Y-Protected(New Leaf® Y) Potato Lines RBMT 15-101, SEMT15-02 And SEMT15-15 A safety Assessment Technical report series No.13, Australia New Zealand Food Authority(November 2001)

Aoyama H, Hojo H, Takahashi KL, Shimizu N, Araki M, Harigae M, Tanaka N, Shirasaka N, Kuwahara M, Nakashima N, Yamamoto E. Saka M, Teramoto S. A two-generation reproductive toxicity study of 2, 4-dichlorophenol in rats. J Toxicol Sci. 30(Special): S59-S78(2005)

Avery OT, MacLeod CM, McCarty M. Studies on the chemical nature of the substance inducing transformation of pneumococcal types induction of transformation by a desoxyribonucleic acid fraction isolated from pneumococcus type III. J Exp Med. 79(2): 137-158(1944)

Baranov AS, Chernova OF, Feoktistova NY, Surov AV. A new example of Ectopia: Oral hair in some rodent species. Doklady Biol Sci. 431(1): 117-120 (2010)

BBC TV. Dr Pusztai A-The story behind Genetically Modified foods world in action Broadcast interview.(1998) https://www.youtube.com/watch?v=UgMz7XLsnOI Accessed Jun. 23, 2016.

Beecham JE, Seneff S. Is there a link between autism and glyphosate-formulated herbicides? J Autism. 3(1): 1-13(2016)

Beever DE, Kemp CF. Safety issues associated with the DNA in animal feed derived from genetically modified crops. A review of scientific and regulatory procedures. Nutrition Abstracts Reviews, Series B Livestock Foods and Feeding 70(3): 175-182(2000)

Beier RC. Natural pesticides and bioactive components in foods. Rev Environ Contam Toxicol(47-137). Springer New York. (1990)

Belongia EA, Hedberg CW, Gleich GJ, White KE, Mayeno AN, Loegering DA, Dunnette SL, Pirie PL, Macdonald KL, Osterholm MT. An investigation of the cause of the eosinophilia-myalgia syndrome associated with tryptophan use. N Engl J Med. 323(6): 357-365(1990)

Berg P, Baltimore D, Boyer HW, Cohen SN, Davis RW, Hogness DS, Nathans D, Roblin R, Watson JD, Weissman S, Zinder ND. Potential bioharzards of recombinant DNA molecules. Proc Nat Acad Sci, USA. 71(7): 2593-2594 (1974)

Berg P, Baltimore D, Brenner S, Roblin RO, Singer MF. Summary Statement of the Asilomar Conference on recombinant DNA molecules. Proc Nat Acad Sci, USA. 72(6): 1981-1984(1975)

Birch AE, Geoghegan IE, Griffiths DW, McNicol JW. The effect of genetic transformations for pest resistance on foliar solanidine-based glycoalkaloids of potato (Solatium tuberosuni). Ann Appl Biol. 140(2): 143-149(2002)

Branford S. Argentina's bitter harvest, New Scientist. 182(2443): 40-43(Apr. 17, 2004). https://www.newscientist.com/article/mg18224436-100-argentinas-bitter-harvest/

Cellini F, Chesson A, Colquhoun I, Constable A, Davies HV, Engel KH, Lehesranta S. Unintended effects and their detection in genetically modified crops. Food Chem Toxicol. 42(7): 1089-1125(2004)

Chen D, Ye G, Yang C, Chen Y, Wu Y. The effect of high temperature on the insecticidal properties of Bt cotton. Environ Exp Bot. 53(3): 333-342(2005)

Christensen P. Rifikin J, Agric Criticism Biotechnol. Seed In Context Blog(Jun 2012). http://www.intlcorn.com/seedsiteblog/?p=549 Accessed Jun. 23, 2016.

Codex Alimentarius. Foods derived from modern biotechnology. second edition. Food and Agriculture Organization of the United Nations. World Health Organization(2009)

Cotter J. Genetically-engineered food: potential threat to fertility: Study shows that genetically engineered maize affects reproductive health in mice. Greenpeace International Science Unit(2008). http://www.greenpeace.org/international/en/press/releases/ge-threat-to-fertility-11112008/Accessed Jun. 23, 2016.

Coulston F, Kolbye AC. Biotechnologies and food: assuring the safety of foods produced by genetic modification. Regul Toxicol Pharm. 12: S1-S196(1990)

Crist WE. Toxic L-tryptophan: Shedding light on a mysterious epidemic. The Institute for Responsible Technology(IRT)(July 2005). http://responsible technology.org/resources/pre-epidemic-cases/ Accessed Jun. 23, 2016.

De Schrijver A, Devos Y, Van den Bulcke M, Cadot P, De Loose M, Reheul D, Sneyers M. Risk assessment of GM stacked events obtained from crosses between GM events. Trends in Food Sci & Technol. 18(2): 101-109(2007)

De Vendômois JS, Roullier F, Cellier D, Séralini GE. A comparison of the effects of three GM corn varieties on mammalian health. Int J Biol Sci. 5(7): 706-726(2009)

Dean A, Armstrong J. Genetically Modified Foods. American Academy of Environmental Medicine(AAEM)(2009) http://www.aaemonline.org/ gmo.php

Delhaize E, Hebb DM, Richards KD, Lin JM, Ryan PR, Gardner RC. Cloning and Expression of a Wheat(Triticum aestivumL.) Phosphatidyl-serine Synthase cDNA overexpression in plants alters the composition of phospholipids. J Biol Chem. 274(11): 7082-7088(1999)

Dixon B. “Playing God,”Yesterday and Today. ASM News. 70(3): 102-103 (2004)

Domnitskaya M. Russia says genetically modified foods are harmful. The voice of Russia(16 April 2010). http://sputniknews.com/voiceofrussia/2010/04/16/6524765.html Accessed Jun. 23, 2016.

Doreen. Genetically Modified Foods: Unintended, Dangerous, Unpredictable Consequences(Updated 1x) (2010). http://www.countdowntofitness.com/fitnessblog/2010/11/09/genetically-modified-foods-unintended-dangerous-unpredictable-consequences/Accessed Jun. 23, 2016.

Dueck TA, van der Werf A, Lotz LAP, Jordi W. Methodological approach to a risk analysis for polygene-genetically modified plants (GMPs): a mechanistic study. ABNota Vol.50. Research Institute for Agrobiology and Soil Fertility (AB-DLO), Wageningen.(1998)(Cellini *et al.* 2004. 재인용)

Eartherton LW. Engage your critics to become partners. Perspective, Food Technology. 68(1): 88(Jan, 1, 2014)

Edwards HM, Douglas MW, Parsons CM, Baker DH. Protein and energy evaluation of soybean meals processed from genetically modified high-protein soybeans. Poultry Sci. 79(4): 525-527(2000)

EFSA. Statement on the analysis of data from a 90-day rat feeding study with MON 863 maize by the Scientific Panel on genetically modified organisms (GMO). 1-5(2007). http://www.efsa.europa.eu/en/scdocs/scdoc/753.htm

EFSA. The minutes of the 55th Plenary meeting of the scientific panel on genetically modified organisms held on 27-28 January 2010 in Parma, Italy. 2-10(2010). http://www.efsa.europa.eu/en/events/event/gmo100127.htm

EFSA. Review of the Seralini *et al.*(2012) published on a 2-year rodent feeding study with glyphosate formulations and GM maize as published online on 19 September 2012 in Food and Chemical Toxicology. EFSA J. 10(10): 2910(2012) https://www.efsa.europa.eu/en/efsajournal/pub/2910

Eichenward K. Redesigning nature: Hard lessons learned; Biotechnology food: From lab to a debacle. The New york times business day. (Jan. 25, 2001) http://www.nytimes.com/2001/01/25/business/redesigning-nature-hard-lessons-learned-biotechnology-food-lab-debacle.html

El-Khishin DA, Abdul Hamid A, El Moghazy G, Metry EA. Assessment of genetically modified potato lines resistant to potato virus Y using compositional analysis and molecular markers. Res. J Agric Biol Sci 5: 261-271(2009)

Ellstrand NC, Prentice HC, Hancock JF. Gene flow and introgression from domesticated plants into their wild relatives. Ann Rev Ecol Syst. 30: 539-563(1999)

Engel KH, Gerstner G, Ross A. Investigation of glycoalkaloids in potatoes as example for the principle of substantial equivalence. In: Novel Food Regulation in the EU Integrity of the Process of Safety Evaluation. Berlin: Federal Institute of Consumer Health Protection and Veterinary Medicine. 197-209 (1998)(Cellini *et al.* 2004. 재인용)

Entine J. Zombie Retracted Séralini GMO maize rat study republished to hostile scientist reactions. Forbes(Jun. 24, 2014) http://www.forbes.com/sites/jonentine/2014/06/24/zombie-retracted-seralini-gmo-maize-rat-study-republished-to-hostile-scientist-reactions/#46cb03b81017 Accessed Jun. 23, 2016.

Ermakova I. Irina Ermakova: Influence of genetically modified soya on the birth-weight and survival of rat pups. in Proceedings of the Conference Epigenetics, Transgenic Plants and Risk Assessment, Frankfort am Main, Germany, December 1, 2005(ed. Moch, K.) 41-48 (2006) http://www.madge.org.au/Docs/Ermakova-report.pdf

EU directive. 2001/18/EC; The European Parliament and the council of European Union, on the deliberate release into the environment of genetically modified organisms and repealing Council Directive 90/220/EEC, Off J Eur Com. 17(4): L 106/19(2001)

Ewen SWB, Pusztai A. Effect of diets containing genetically modified potatoes expressing Galanthus nivalis lectin on rat small intestine. The Lancet. 354 (9187): 1353-1354(1999)

Fagan J, Antoniou M, Robinson C. GMO myths and truths. 2nd. Earthopensource, London Great Britain. 1-330(2014a)

Fagan J, Antoniou M, Robinson C. GMO myths and truths. 2nd. Earthopensource, London Great Britain. p24(2014b)

Fagan J, Antoniou M, Robinson C. GMO myths and truths. 2nd. Earthopensource, London Great Britain. 24-25(2014c)

Fagan J, Antoniou M, Robinson C. GMO myths and truths. 2nd. Earthopensource, London Great Britain. p.31(2014d)

Fagan J, Antoniou M, Robinson C. GMO myths and truths. 2nd. Earthopensource, London Great Britain. 34-41(2014e)

Fagan J, Antoniou M, Robinson C. GMO myths and truths. 2nd. Earthopensource, London Great Britain. 174-179(2014f)

Fagan J, Antoniou M, Robinson C. GMO myths and truths. 2nd. Earthopensource, London Great Britain. 89-101, 160-165(2014g)

Fagan J, Antoniou M, Robinson C. GMO myths and truths. 2nd. Earthopensource, London Great Britain. p19(2014h)

FAO/WHO. Biotechnology and food safety, Report of a joint FAO/WHO consultation. FAO Food and Nutrition Paper 61, Food and Agriculture Organisation of the United Nations, Rome. 2-20(1996)

FAO/WHO. Safety aspects of genetically modified foods of plant origin. Report of a Joint FAO/WHO Expert Consultation of Foods Derived from Biotechnology, Geneva, Switzerland (2000)

Fedoroff NV. Pusztai's Potatoes-Is 'Genetic Modification' the Culprit?, AgBio World(2011) http://hils.psu.edu/Isc/fedoroff.html Accessed Jun. 23, 2016.

Finamore A, Roselli M, Britti S, Monastra G, Ambra R, Turrini A, Mengheri E. Intestinal and peripheral immune response to MON810 maize ingestion in weaning and old mice. J Agric Food Chem. 56(23): 11533-11539(2008)

Fuchs RL, Re DB, Rogers SG, Hammond BG. Safety evaluation of glyphosate-tolerant soybeans. In: Food Safety Evaluation. Organisation for Economic Cooperation and Development. Paris. 61-70(1996)

Gao M, Li B, Zhao L, Zhang X. Hypothetical link between infertility and genetically modified food. Recent Pat Food Nutr Agric. 6:16-22 (2014)

Garber L. GMO Soy repeatedly linked to sterility, infant mortality, birth defects, natural society(Jan. 2013). http://www.naturalsociety.com/genetically-modified-soy-linked-to-sterility-and-infant-mortality/Accessed Jun. 23, 2016.

Genetic Literacy Project. Gilles-Éric Séralini: Activist professor as the face of the anti-GMO industry(Nov. 2015). https://www.geneticliteracyproject.org/glp-facts/gilles-eric-seralini-activist-professor-face-anti-gmo-industry/Accessed Jun. 23, 2016.

GEO-PIE(Cornell Genetically Engineered Organisms public Issues Education project), 'The Pusztai Affair: Snowdrop lectin in potatoes'. http://www.geo-pie.cornell.edu/issues/pusztai.html/ Accessed May 12, 2007.

GEO-PIE. Genetically engineered foods StarLink corn in Taco shells. Cornell Cooperative Extension's Genetically Engineered Organisms Public Issues Education(GEO-PIE) project, #3 in a series(2002). https://scholarworks.iupui.edu/bitstream/handle/1805/815/GE%20StarLink%20corn%20in%20taco%20shells.pdf?sequence=1 Accessed Sep. 01, 2016.

Geigenberger P, Stitt M. Sucrose synthase catalyses a readily reversible reaction in vivo in developing potato tubers and other plant tissues. Planta 189(3): 329-339(1993)

Gertz JM, Vencill WK, Hill NS. Tolerance of transgenic soybean (Glycine max) to heat stress. In: 1999 Brighton Crop Protection Conference: Weeds. Proceedings of an International Conference, Brighton, UK, 3: 15-18(November 1999). British Crop Protection Council. Farnham. 835-840(1999)

Gleason M. All about crown gall. Horticulture & Home Pest News. Iowa state university. 73 (1995). http://www.ipm.iastate.edu/ipm/hortnews/1995/5-19-1995/cgall.html Accessed Aug. 11, 2016

GM-Free Magazine. Interview with Dr Pusztai. Why I can not remain silence. 1(3): Aug/Sep(1999)

GMO Compass. Chymosin. http://www.gmo-compass.org/eng/database/enzymes/83.chymosin.html. Accessed Oct. 18, 2016

GMO Compass. Refers to the unique DNA recombination event that took place in one plant cell, which was then used to generate entire transgenic plants (2016). http://www.gmo-compass.org/eng/glossary/163.event.html Accessed Jun. 20, 2016.

GM Watch. Mortality in sheep flocks after grazing on Bt Cotton fields Warangal District, Andhra Pradesh. Report of the preliminary assessment (2006). http://gmwatch.org/latest-listing/1-news-items/6416-mortality-in-sheep-flocks-after-grazing-on-bt-cotton-fields-warangal-district-andhra-pradesh-

2942006 Accessed Jun. 20, 2016.

GM Watch. Nature;s GM sweet potato and the rock from space(2015). http://gmwatch.org/news/latest-news/16216. Accessed Aug. 10, 2016.

Greenpeace. GMOs and pesticides: a toxic mix(2016). http://www.greenpeace.org/international/en/campaigns/agriculture/problem/GMOs-and-Pesticides/ Accessed Jul. 18, 2016.

Gunther M. Why NGOs can't be trusted on GMOs. The Guardian (2014). https://www.theguardian.com/sustainable-business/2014/jul/16/ngos-nonprofits-gmos-genetically-modified-foods-biotech Accessed Jul. 28, 2016.

Hammond B, Rogers SG, Fuchs RL. Limitations of whole food feeding studies in food safety assessment. OECD Document: Food Safety Evaluation. OECD 85-97(1996)

Haplin C. Gene stacking in transgenic plants-the challenges for 21st century plant biotechnology. Plant Biotechnol J. 3: 141-155(2005)

Hardikar J. One suicide every 8 hours. Diligent Media Corporation(dna india) (Sat, 26 Aug 2006). http://www.dnaindia.com/india/report-one-suicide-every-8-hours-1049554 Accessed Jun. 20, 2016.

Harmon K. The proof is in the proteins: Test supports universal common ancestor for all life. Scientific American(2010). http://www.scientificamerican.com/article/universal-common-ancestor/ Accessed Aug. 8, 2016.

Harvey MH, McMillan M, Morgan MR, Chan HW. Solanidine is present in sera of healthy individuals and in amounts dependent on their dietary potato consumption. Hum Toxicol. 4: 187-194(1985)

Hashimoto W, Momma K, Yoon HJ, Ozawa S, Ohkawa Y, Ishige T, Kito M, Utsumi S, Murata K. Safety assessment of transgenic potatoes with soybean glycinin by feeding studies in rats, Biosci Biotechnol Biochem. 63(11): 1942-1946(1999a)

Hashimoto W, Momma K, Katsube T, Ohkawa Y, Ishige T, Kito M, Murata K. Safety assessment of genetically engineered potatoes with designed soybean glycinin: compositional analyses of the potato tubers and digestibility of the newly expressed protein in transgenic potatoes. J Sci Food Agric. 79(12): 1607-1612(1999b)

Ho MW, Sirinathsinghji E. Ban GMOs Now. Health & Environmental Hazards. Institute of Science in Society(2013)

Hopkin K. The risks on the table. Scientific American. 284(4): 60-61(Apr. 2001)

Horvath H, Jensen LG, Wong OT, Kohl E, Ullrich SE, Cochran J, von Wettstein D. Stability of transgene expression, field performance and recombination breeding of transformed barley lines. Theor Appl Genet. 102: 1-11(2001)

Hotchkiss JH. Pasteur and biotechnology: Lessons from the past. Food Technology. 55(9): 146(Sep 2001)

Hu Y, Li M, Piao J, Yang X. [Comparative research on digestibility of lysine-rich genetically modified rice and its parental rice in Wuzhishan mini-pig]. Wei sheng yan jiu= J Hyg Res. 39(1): 32-35(2010)

Huang Q, Liu H, Zhi Y, Gao P, Yy Z, Liu S, Xu H. [In vivo digestibility of rice genetically modified with CpTI in WZS mini-pig]. Wei sheng yan jiu=J Hyg Res. 40(6): 680-683(2011)

IFT. Human food safety evealuation of rDNA biotechnology-derived foods. IFT Expert Report on Biotechnology and Foods. Food Technol 54:53-61(2000)

IFST. Genetic modification and food. Institute of Food Science Technology.(Oct. 2014) http://www.ifst.org/knowledge-centre/information-statements/genetic-modification-and-food-0

Index Mundi(2016) http://www.indexmundi.com

ISAAA. Agricultural Biotechnology(A Lot More than Just GM Crops) Biotech Information Series: 1(2014)

Jacobs P. Cornucopia of biotech food awaits labeling. Los Angeles Times. http://articles.latimes.com/2000/jan/31/news/mn-59543.(Jan. 31, 2000)

Jonas DA, Antignac E, Antoine J-M, Classen H-G, Huggett A, Knusen I, Mahler J, Ockhuizen T, Smith M, Teuber M, Walker R, De Vogel P. The safety assessment of novel foods. Guidelines prepared by ILSI novel food task force. Food Chem Toxicol. 34:931-940(1996)

Jones J. Sweet! A naturally transgenic crop. Nature Plants 1:1-2 (2015)

Kilbourne EM, Philen RM, Kamb ML, Falk H. Tryptophan produced by Showa Denko and epidemic eosinophilia-myalgia syndrome. J Rheumatol Suppl. 46: 81-91(1996)

Kiliç A, Akay MT. A three generation study with genetically modified Bt corn in rats: Biochemical and histopathological investigation. Food Chem Toxicol. 46(3): 1164-1170(2008)

Kloor K. The GMO-Suicide Myth. Issue in Science and Technology. 30(2) (Winter 2014)

Koechlin. Florianne Koechlin: Opening Speech. Proceedings of conference "Epigenetics, Transgenic plants & Risk Assessment".in Proceedings of the Conference Epigenetics, Transgenic Plants and Risk Assessment, Frankfort am Main, Germany, December 1, 2005(Ed. Moch, K.) 8-11(2006)

Kolehmainen S. Precaution before profits: An overview of issues in genetically engineered food and crops. Council for Responsible Genetics(2016)

Kroghsbo S, Madsen C, Poulsen M, Schrøder M, Kvist PH, Taylor M, Knudsen I. Immunotoxicological studies of genetically modified rice expressing PHA-E lectin or Bt toxin in Wistar rats. Toxicology. 245: 24-34(2008)

Kubo T. Development of low-glutelin rice by Agrobacterium-mediated genetic transformation with an antisense gene construct. Joint FAO/WHO Expert Consultation on Foods Derived from Biotechnology, Geneva (Switzerland). 29: 1-5(2000)

Kuiken KA, Lyman CM. Essential amino acid composition of soy bean meals prepared from twenty strains of soy bean. J Biol Chem 177: 29-36(1949)

Kuiper HA, Noteborn HPJM, Peijnenburg AACM. Adequacy of methods for testing the safety of genetically modified foods. Lancet. 354: 1315-1316 (1999)

Kuiper HA, Kleter GA, Noteborn HP, Kok EJ. Assessment of the food safety issues related to genetically modified foods. The plant journal. 27(6): 503-528(2001)

Kyndt T, Quispe D, Zhai H, Jarret R, Ghislain M, Liu Q, Gheysen G, Kreuze JF. The genome of cultivated sweet potato contains Agrobacterium T-DNAs with expressed genes: An example of a naturally transgenic food crop. PNAS 112: 5844-5849(2015)

Lacey R. Alliance for Bio-Integrity v. Donna Shalala. “Declaration of Dr. Richard Lacey, M.D., Ph.D.” United States District Court for the District of Columbia. Civil Action. 98-1300(1998). http://www.saynotogmos.org/scientists_speak.htm Accessed Jul. 18, 2016.

Leary WE. Genetic engineering of crops can spread allergies, study show. The New york Times(14 March 1996). http://www.nytimes.com/1996/03/14/us/genetic-engineering-of-crops-can-spread-allergies-study-shows.html Accessed Jul. 18, 2016.

Leu A. GMO Safety Issues based on Science. Seed Freedom. http://seedfreedom.in/ gmo-safety-issues-based-on-science-2/Accessed Jun. 20, 2016.

Li M, Hu YC, Piao JH, Yang XG. [The main nutrients digestibility of genetically modified rice and parental rice in the terminal ileum of pigs]. Zhonghua yu fang yi xue za zhi [Chinese Journal of preventive medicine]. 44(10): 913-917(2010)

Liu X, Zhang C, Wang X, Liu Q, YUan D, Pan G, Sun SSM, Tu J. Development of high-lysine rice via endosperm-specific expression of a foreign LYSINE RICH PROTEIN gene. BMC Plant Biol 16: 147-159(2016)

MAFF. ACNFP Annual report. Tomato paste from genetically modified tomatoes. Ministry of Agriculture, Fisheries and Food and Department of Health, England. 3-4(1994)

Malatesta M, Caporaloni C, Gavaudan S, Rocchi MB, Serafini S, Tiberi C, Gazzanelli G. Ultrastructural morphometrical and immunocytochemical analyses of hepatocyte nuclei from mice fed on genetically modified soybean. Cell Struct Funct. 27(4): 173-180(2002)

Malatesta M, Biggiogera M, Manuali E, Rocchi MBL, Baldelli B, Gazzanelli G. Fine structural analyses of pancreatic acinar cell nuclei from mice fed on genetically modified soybean. Eur J Histochem. 47(4): 385-388(2003)

Malatesta M, Boraldi F, Annovi G, Baldelli B, Battistelli S, Biggiogera M, Quaglino D. A long-term study on female mice fed on a genetically modified soybean: effects on liver ageing. Histochem Cell Biol. 130(5): 967-977(2008)

Marshall A. GM soybeans and health safety-a controversy reexamined. Nat. Biotechnol. 25(9): 981-987(September 2007)

Meyer M. Playing God with GMO's.(Aug. 22, 2013). http://consciouslifenews.com/playing-god-gmos/1163864/Accessed Jul. 20, 2016.

Millstone E, Brunner E, Mayer S. Beyond substantial equivalence. Nature 401: 525-526(1999)

Momma K, Hashimoto W, Ozawa S, Kawai S, Katsube T, Takaiwa F, Murata K. Quality and safety evaluation of genetically engineered rice with soybean glycinin: analyses of the grain composition and digestibility of glycinin in transgenic rice. Biosci Biotechnol Biochem. 63(2): 314-318(1999)

Monsanto. Safety Assessment of NewLeaf®Y Potatoes Protected Against Colorado Potato Beetle and Infection by Potato Virus Y Causing Rugose Mosaic. Center for Environmental Risk Assessment (Aug. 2002). http://cera-gmc.org/files/cera/GmCropDatabase/docs/decdocs/02-269-004.pdf Accessed Sep. 01, 2016.

Monsanto Release. Monsanto's response to ASA ruling.(Aug 11, 1999). http://www.iatp.org/news/monsantos-response-to-asa-ruling. Accessed Jul. 22, 2016.

Monsanto. Monsanto Company response to Austrian report on mouse chronic and reproduction studies with NK603 X MON810 maize.(2008)

Murray F, Llewellyn D, McFadden H, Last D, Dennis ES, Peacock WJ. Expression of the *Talaromyces flavus* glucose oxidase gene in cotton and tobacco reduces fungal infection, but is also phytotoxic. Mol Breed. 5(3): 219-232(1999)

Müller KJ, He X, Fischer R, Prüfer D. Constitutive knox1 gene expression in dandelion(*Taraxacum officinale*, Web.) changes leaf morphology from simple to compound. Planta 224(5): 1023-1027(2006)

Nordlee JA, Taylor SL, Townsend JA, Thomas LA, Bush RK. Identification of a Brazil-nut allergen in transgenic soybeans. N Engl J Med. 334(11): 688-692 (1996)

OECD. One Generation Reproduction Toxicity Study. OECD Guideline for the Testing of Chemicals. OECD Test Guideline No.415(26 May 1983)

OECD. Safety evaluation of foods derived by modern biotechnology. Concepts and principles. Organisation for Economic Cooperation and Development, Paris(1993)

OECD. Guidance notes for analysis and evaluation of chronic toxicity and carcinogenicity studies. Organisation for Economic Cooperation and Development, Paris 35(14)(2002)

PBS. Jeremy Rifkin Interview. PBS-Harvest of fear(2001). http://www.pbs.org/wgbh/harvest/interviews/rifkin.html Accessed Jun. 20, 2016.

Poulter S. Why eating GM food could lower your fertility. Science & Environmental health network, Daily mail(2008). http://www.dailymail.co.uk/health/article-1085060/why-eating-GM-food-lower-fertility.html Accessed Jul 28, 2016

Prescott VE, Campbell PM, Moore A, Mattes J, Rothenberg ME, Foster PS, Hogan SP. Transgenic expression of bean α-amylase inhibitor in peas results in altered structure and immunogenicity. J Agric Food Chem. 53(23): 9023-9030(2005)

Pressly L. Are pesticides linked to health problems in Argentina?. BBC News (May 14, 2014)

Pusztai A. Can science give us the tools for recognizing possible health risks of GM foods. Nutr. Health. 16: 73-84(2002)

Ray H, Yu M, Auser P, Blahut-Beatty L, McKersie B, Bowley S, Gruber MY. Expression of anthocyanins and proanthocyanidins after transformation of alfalfa with maize Lc. Plant Physiol. 132(3): 1448-1463(2003)

Regal PJ. Deaths and Cripplings from Genetically Engineered L-tryptophan. The Institute for Responsible Technology(May 1999). http://responsible technology.org/ resources/cripplings/Accessed Jun. 20, 2016.

Rhodes H, Sawyer K. Public engagement on genetically modified organisms when science and citizens connect. Workshop summary. The National Academies Press, Washington, DC(2015)

Rifkin J. Beyond genetically modified crops. The washington post(Jul. 4, 2006). http://www.washingtonpost.com/wp-dyn/content/article/2006/07/03/AR2006070300922.html Accessed Jun. 20, 2016.

Robinson C. Argentina's Roundup Human Tragedy. ISIS Report(Oct. 06 2010)

Sato S. Japan's regulatory system for GE crops continues to improve. gain report. JA5024(2015)

Schubbert R, Hohlweg U, Renz D, Doerfler W. On the fate of orally ingested foreign DNA in mice: chromosomal association and placental transfer to the fetus. Mol Gen Genet. 259(6): 569-576(1998)

Secretariat of the Convention on biological safety. Cartagena Protocol on Biosafety to the Convention on Biological Diversity. Text and Annexes(2000)

Séralini GE, Cellier D, de Vendômois JS. New analysis of a rat feeding study with a genetically modified maize reveals signs of hepato-renal toxicity. Arch Environ Contam Toxicol. 52(4): 596-602(2007)

Séralini GE, Mesnage R, Clair E, Gress S, de Vendômois JS, Cellier D. Genetically modified crops safety assessments: present limits and possible improvements. Environ Sci Eur. 23(1): 1-10(2011)

Séralini GE, Clair E, Mesnage R, Gress S, Defarge N, Malatesta M, de Vendômois JS. Long term toxicity of a Roundup herbicide and a Roundup-tolerant genetically modified maize. Food Chem Toxicol. 50(11): 4221-4231(2012)

Séralini GE, Clair E, Mesnage R, Gress S, Defarge N, Malatesta M, Hennequin D, de Vendômois JS. Republished study: long-term toxicity of a Roundup herbicide and a Roundup-tolerant genetically modified maize. Environ Sci Eur. 26(14): 1-17(2014)

Slutsker L, Hoesly FC, Miller L, Williams LP, Watson JC, Fleming DW. Eosinophilia-myalgia syndrome associated with exposure to tryptophan from a single manufacturer. JAMA. 264: 213-217(1990)

Smith JM. Monsanto Whistle blower says genetically engineered crops may cause disease. The Institute for Responsible Technology(IRT)(10 August 2006)

Smith JM. Genetically modified foods: Toxins and reproductive failures (July 2007a) http://responsibletechnology.org/genetically-modified-foods-toxins-and-reproductive-failures/ Accessed Jun. 20, 2016.

Smith JM. Genetic Roulette, The documented health risks of genetically engineered foods. Yes Books. 1-319(2007b)

Smith JM. Throwing Biotech Lies at Tomatoes-Part 1: Killer Tomatoes (2010a). http://www.huffingtonpost.com/jeffrey-smith/throwing-biotech-lies-at_b_803139.html Accessed Jun. 20, 2016.

Smith JM. Genetically engineered soybeans may cause allergies. Mercola.com (2010b). http://articles.mercola.com/sites/articles/archive/2010/07/08/genetically-engineered-soybeans-may-cause-allergies.aspx Accessed Aug. 11, 2016.

Smith JM. Genetically Modified Soy Linked to Sterility, Infant Mortality in Hamsters. Huffington Post (Aug 09 2010c). http://www.huffingtonpost.com/jeffrey-smith/genetically-modified-soy_b_544575.html Accessed Jun. 20, 2016.

Smith RH. Kale poisoning: the brassica anaemia factor. Vet Rec. 107(1): 12-15(1980)

Sharma DR, Kaur R, Kumar K. Embryo rescue in plants-a review. Euphytica. 89(3): 325-337(1996)

Shewmaker C, Sheely JA, Daley M, Colburn S, Ke DY. Seed-specific overexpression of phytoene synthase: increase in carotenoids and other metabolic effects. The Plant J. 22: 401-412(1999)

Strohman R. Crisis Position. Safe Food News. (2000). http://www.saynotogmos.org/scientists_speak.htm Accessed Jun. 20, 2016.

Summer T. Helping to promote reason and skepticism in the animal rights community one issue at a time. Alexey Surov and GM Soy-A Recurrent Tale Against GM Foods. VitaVitalis (October 2011). http://www.vitavitalis.be/en/database?view=article&article=1246 Accessed Jun. 20, 2016.

The Director General of Agence de Securite Sanitaire des Aliments. Opinion of the french food safety agency(Afssa) on the study by Velimirov *et al.* entitled "Biological effects of trangenic maize NK603 X MON810 fed in long-term reproduction studies in mice".(2009)

Taylor SL. Food from genetically modified organisms and potential for food allergy. Environ Toxicol Pharmacol. 4: 121-126(1997)

The Royal Society. Review of data on possible toxicity of GM potatoes. (June 1999) https://royalsociety.org/~/media/Royal_Society_Content/policy/publications/1999/10092.pdf Accessed Jun. 20, 2016.

Thomas WTB, Baird E, Fuller JD, Lawrence P, Young GR, Russell J, Powell W. Identification of a QTL decreasing yield in barley linked to Mlo powdery mildew resistance. Mol Breed. 4(5): 381-393(1998)

Thompson D. The most hated man in science. Time (24 Jun 2001). http://content. time.com/time/magazine/article/0,9171,150734,00.html Accessed Jun. 20, 2016.

Turk SCHJ, Smeekens SCM. Genetic modification of plant carbohydrate metabolism. In: Chopra VL, Malik VS, Bhat SR.(Eds.), Appl Plant Biotechnol. J. Science Publ.s, Enfield. 71-100(1999).(Cellini *et al.* 2004. 재인용)

Trethewey RN, Geigenberger P, Riedel K, Hajirezaei MR, Sonnewald U, Stitt M, Willmitzer L. Combined expression of glucokinase and invertase in potato tubers leads to a dramatic reduction in starch accumulation and a stimulation of glycolysis. The Plant J. 15(1): 109-118(1998)

US Food and Drug Administration. FDA/CFSAN Redbook 2000 IV.C.9.a. Guidelines for Reproduction Studies.(FDA, Rockville, MD). http://www.cfsan.fda. gov/~redbook/red- toca.html〉 Accessed Jun. 20, 2016.

Van Eenennaam AL & Young AE. Prevalence and impacts of genetically engineered feed stuffs on livestock populations. J Anim Sci. 92: 4255-4278 (2014)

Vecchio L, Cisterna B, Malatesta M, Martin TE, Biggiogera M. Ultrastructural analysis of testes from mice fed on genetically modified soybean. Eur J Histochem. 48(4): 449-454(2004)

Velimirov A., Binter C, Zentek J. Biological effects of transgenic maize NK603xMON810 fed in long term reproduction studies in mice.(ed. Cyran N, Gülly C, Handl S, Hofstätter G, Meyer F, Skalicky M, Steinborn R.) Unpublished report: Institute fur Ernahrung, Austria.(2008)

Villegas E, Vasal SK, Bjarnason M. Quality Protein Maize what it is and how it was developed. In: Mertz, E.T.(Ed.), Quality Protein Maize. American Association of Cereal Chemists(AACC), St Paul. 27-48(1992)(Cellini *et al.* 2004. 재인용)

Wang X. All certified GM foods on market 'are safe'. China daily(2015. 08. 29.)

Watson JD, Crick FHC. Molecular structure of nucleic acids. Nature. 171: 737-738(1953)

Wikipedia. Pusztai affair. https://en.wikipedia.org/wiki/Pusztai_affair Accessed Jun. 20, 2016a

Wikipedia. Séralini affair. https://en.wikipedia.org/wiki/S%C3%A9ralini_affair Accessed Jun. 20, 2016b

Wikipedia. Introgression. https://en.wikipedia.org/wiki/Introgression Accessed Jul. 20, 2016c

Wikipedia. Hybrid(biology). https://en.wikipedia.org/wiki/Hybrid_(biology) Access-ed Jul. 20, 2016d

Wikipedia. StarLink corn recall. https://en.wikipedia.org/wiki/StarLink_corn_recall. Accessed Aug. 31, 2016e

Yang QQ, Zhang CQ, Chan ML, Zhao DS, Chen JZ, Wang Q, Li QF, Yu HX, Gu MH, Sun SSM, Liu QQ. Biofortification of rice with the essential amino acid lysine: molecular characterization, nutritional evaluation, and field performance. J Exp Bot. 67: 4285-4296(2016)

Ye X, Al-Babili S, Klöti A, Zhang J, Lucca P, Beyer P, Potrykus I. Engineering the provitamin A(β-carotene) biosynthetic pathway into (carotenoid-free) rice endosperm. Science. 287: 303-305(2000)

Zhao XX, Hu XL, Tang T, Lu CL. Liu FX, Ji LL, Liu QQ. Digestive stability and acute toxicity studies of expressing lysine-rich fusion proteins. Chin Sci Bull. 58(20): 2460-2468(2013a)

Zhao XX, Tang T, Liu FX, Lu CL, Hu XL, Ji LL, Liu QQ. Unintended changes in genetically modified rice expressing the lysine-rich fusion protein gene revealed by a proteomics approach. J Integr Agric. 12(11): 2013-2021 (2013b)

에듀컨텐츠·휴피아
ECH Educontents·Huepia

2장. 슈퍼잡초와 슈퍼해충 발생의 우려

서 론

2000년 초까지는 제초제 내성 GM작물 재배로 인해 제초제 내성 슈퍼잡초가 발생하여 제초제를 더 많이 살포하게 되며 그로 인해 부작용이 있다는 얘기가 많았는데(Branford 2004, Hooper 2005, Tarter 2009, Union of Concerned Scientists 2013), 더 최근에는 Bt에 저항성을 가지는 슈퍼해충(superbug)의 출현에 대한 우려가 추가되었다(Laskawy 2010, Kilman 2011).

지금까지 GM작물과 관련하여 많은 논란을 유발시킨 주제는 단연 제초제 내성 슈퍼잡초의 발생과 그로 인한 제초제의 과다 사용 및 그에 따르는 남미 신생 농업국 농촌 주민들의 건강 부작용 등에 대한 것이었다. 슈퍼잡초 스토리보다 비교적 뒤에 나온 슈퍼해충 스토리가 슈퍼잡초 만큼은 아니지만 GM작물의 확산을 반대하는 인사들의 주요 얘깃거리가 되었다. 미국 월 스트리트 저널(Kilman 2011, Molla 2014)이나 로이터(Gillam 2014) 등 미국 언론들도 슈퍼잡초와 슈퍼해충의 발생에 대해 다루었다.

슈퍼잡초나 슈퍼해충에 대한 명확한 정의는 없지만, 위키피디아(Wikipedia 2016)에서 〈superweed〉(슈퍼잡초)를 치면 바로 〈glyphosate〉(글리포세이트)로 연결해준다. 거기에서 〈superweed〉에 대한 정의가 소개된다. 즉, 한 가지 제초제만을 장기간 집중적으로 사용하면 제초제 내성 잡초에 대한 유리한 선택적

조건이 만들어져서 제초제 내성 잡초가 생겨나게 되는데, 이 제초제에 내성을 가지는 잡초를 〈superweed〉라고 소개하였다. 〈Resistance evolves after a weed population has been subjected to intense selection pressure in the form of repeated use of a single herbicide. Weeds resistant to the herbicide have been called 'superweeds'〉.

그러나 인터넷상의 사전들은 옥스퍼드 사전(The Oxford Dictionary)을 포함하여 〈superweed〉를 '제초제에 극도로 높은 내성을 보이는 잡초, 특히 GM작물로부터 제초제 내성 유전자를 전달받아서 발생한 것' 〈A weed which is extremely resistant to herbicides, especially one created by the transfer of genes from genetically modified crops into wild plants.〉이라고 정의한다. 즉, GM작물로부터 제초제 내성 유전자를 습득했다는 점을 강조한다.

슈퍼잡초, 즉 제초제 내성 잡초의 발생 우려를 설명하기 위해 '슈퍼잡초'라는 용어를 부득이 사용하고 있지만, 어떤 한 개의 제초제에 내성을 획득한 잡초를 '슈퍼잡초'라고 부르는 것보다는 '어떤 한 제초제 내성을 가지는 잡초'라는 표현이 더 적절한 것으로 판단된다. 예를 들어, 파머 아마란스 잡초(Palmer amaranth; *Amarathus palmeri*)가 글리포세이트 제초제에 내성을 획득하였다면 이를 슈퍼잡초라고 부르기보다는, '글리포세이트 내성 파머 아마란스 잡초'라는 표현이 더 적절하다. 미생물 감염치료 분야에서 메티실린 항생물질에 내성이 있는 포도상구균을 〈methicillin-resistant *Staphylococcus aureus*〉(MRSA)라고 부르고, 여러 가지 항생물질에 내성인 박테리아를 관용적으로 슈퍼박테리아(superbacteria)라고 칭하는 것과 연결해서 생각해보면 좋을 것이다.

사람들이 말하는 슈퍼잡초와 슈퍼해충이 발생할 가능성은 다음 세 가지로 요약할 수 있으며, 각각에 대해서는 본론에서 설명하고자 한다.

ⓐ 제초제 내성 슈퍼잡초

ⓐ a형(形); 첫 번째는 잡초가 제초제 내성 GM작물로부터 제초제 내성 유전자를 (수평)이전받아 제초제 내성화하는 것과

ⓐ b형; 두 번째는 단일 제초제의 장기 사용 조건에서 제초제에 내성을 획득한 잡초, 즉 환경에 적응한 잡초가 있을 수 있다. 현재 농업 현장에서 발생하여 우려를 갖게 하는 슈퍼잡초는, 어떤 한 제초제를 장기간 반복 사용함으로서 내성을 획득한 잡초이다.

ⓑ 해충 저항성 슈퍼잡초

잡초가 해충 저항성 GM작물로부터 해충 저항성(Bt) 유전자를 받아 해충 저항성 잡초(insect-resistant weed)가 되는 것으로서, 이것도 슈퍼잡초의 범주에 들 수 있지만 일반적으로 슈퍼잡초라고 하는 것은 위 ⓐ a형 & ⓐ b형과 같이 제초제 내성 잡초를 일컫는다.

ⓒ Bt 내성 슈퍼해충

해충이 GM작물의 Bt 단백질에 내성을 획득하면 이를 수퍼버그(Bt-resistant insect; superbug)라고 부른다. 이 케이스는 위의 두 경우와 달리 잡초가 아닌 해충이 Bt에 적응한 경우이다. 이 경우에도 두 가지 케이스를 생각해볼

수 있다.

ⓒ a형; 해충(동물)이 GM작물(식물)로부터 Bt유전자를 받아서 Bt 내성이 되는 것과

ⓒ b형; Bt에 장기간 노출된 해충이 Bt에 적응하여 내성을 획득하게 된 것이다.

잡초는 어떤 특성을 가지고 있나?

슈퍼잡초에 대한 이해를 촉진시키기 위해 먼저 잡초(weed)에 대하여 알아보고자 한다. 잡초는 사람이 재배하는 작물에 대한 상대적인 개념으로서, 잡초를 간단히 정의내리면 '원하지 않는 곳에서 자라는 식물'이라고 할 수 있다. 잡초는 재배작물과 영양소, 물, 공간 및 햇빛에 대한 경쟁관계에 있기 때문에, 작물 재배지에 잡초가 자라면 결과적으로 작물의 소출을 감소시키게 된다. 잡초의 정의는 사람의 입장에서 정하는 것이기 때문에 사람이 어떤 식물을 잡초라고 하면 그건 잡초인 것이다(Tranel 2003). 따라서 어떤 식물이라도 잡초가 될 개연성이 있다. 예를 들어 옥수수나 보리 같은 곡물의 씨가 전년도에 떨어졌던 것이 이듬해 콩 심은 데서 싹이 터서 자란다면(volunteer plants) 이들도 잡초이다.

참고로 잡초의 특성을 아래 **박스**-1에 예시해 놓았다. 재배농작물은 잡초가 가진 여러 가지 특성의 일부를 가지고 있을 수는 있지만 자연 상태에서는 근본적으로 잡초의 경쟁 상대가 되지 못한다. 재배 농작물은 씨앗이 일시에 싹 트고 일정하게 성장하여 균일한 상품을 얻는 동시에 생산성을 높이거나, 가공성과 맛을 좋게 하는 데 목적을 두고 육종해서 사람

들이 보호해서 길러왔기 때문에 원래에는 잡초의 특성을 가지고 있었을지 모르지만 현재는 그 특성이 현저히 없어졌다고 할 수 있다. 잡초와의 경쟁에서 이길 수 없는 작물을 보호하여 사람들의 이익을 최적화시키기 위해 제초제가 개발되었고, 특히 1990년대 중반부터 제초제 내성 GM작물이 상업화되었다.

우리나라 농업에서는 제초제의 사용이 일반화되어 있지 않은데, 그 이유는 농사면적이 적어 전통적으로 사람이 손으로 잡초를 뽑아주는 농사법을 사용해왔기 때문이다. 따라서 우리나라 사람들은 유럽, 중국, 러시아, 호주, 남북미 대륙 등의 대규모 농업 현장에서 필수적으로 요구되는 제초제의 필요성을 공감하지 못한다. 농업대국에서는 농민들이 호미로 잡초를 제거하는 데는 분명 한계가 있는데도 불구하고, 대규모 농업현장에 대한 직접 체험이 없는 우리나라 국민들은 제초제 농업을 이해하지 못하는 현실적인 어려움이 있다.

박스 1. 잡초의 특징

잡초라 함은 우리가 원하지 않는 장소, 즉 논밭, 잔디, 공원, 화단 등에서 자라는 제거대상의 야생초(목)를 지칭한다.

- 잡초는 일반적으로 농작물에 비해 일찍 씨를 맺는다. 환경에 따라 성장과 발육을 조절하여 번식을 최적화할 수 있는데, 꽃을 피우고 짧은 시일 내에 조속하게 씨를 맺을 수 있다.
- 잡초는 씨를 통해서 또는 무성생식을 통해서 다산성이며 생식력이 높다. 잡초 한 개체 당 수천 개의 씨를 만들며, 백만 개 이상의 씨를 만드는 것도 있다. 다년생 잡초는 뿌리로 무성 번식하는데 봄에 땅을 갈 때 뿌리가 여러 개로 잘려지면 각각이 하나의 개체로 자랄 수 있다.
- 씨의 생존기간이 길며, 발아도 일시에 일어나지 않기 때문에 환경에 적응이 용이하다. 많은 경우 씨 일부는 휴면상태에 들어갔다가 적당한 조건이 되면 발아한다. 씨가 한꺼번에 발아하면 위기에서 생존력이 떨어진다.
- 농작물에 비해 생존력이 강하며, 씨가 농산물과 함께 전파될 수 있다.
- 다른 식물의 성장을 저해하는 물질을 생산한다.
- 가시나 갈고리 등이 있어 용이하게 전파되고 포식자의 접근도 막는다.
- 다른 식물에 기생하기도 한다.
- 열악한 환경에 적응할 수 있는 씨 또는 영양저장기관을 가지고 있다.
- 광합성효율이 상대적으로 높고 뿌리가 발달되어 있다.
- 한번 정착되면 제거가 어렵다. 예, 바랭이는 지면을 기어가면서 마디마다 뿌리를 내리므로 한 마디만 남아있어도 다시 퍼지므로 뽑아도 또 퍼진다.*

(Tranel 2003, National Institute of Open Schooling 2013, Wikipedia 2016a, 김민철 2016)

제초제 내성의 발생

그런데 한 가지 제초제(예, 글리포세이트)에 내성을 획득한 잡초가 생기면, 이 제초제로 잡초를 죽일 수 없으니까 영농상의 문제가 생겨날 것이다. 그러나 그 문제의 해결은 쉽고 단순하다. 작용 기작이 다른 제초제를 쓰면 글리포세이트에 내성이 생긴 잡초를 죽일 수 있다. 제초제 내성 잡초가 생겼을 때의 문제점은, 질병치료를 할 때 병균이 항생물질에 내성이 생기면 내성이 생긴 그 항생물질로는 병을 치료할 수 없는 것과 같다.

항생물질을 장기간 사용하다보면 그 항생물질에 대한 미생물의 내성 발생은 필연적이기 때문에, 항생물질을 사용하기 시작한 뒤 얼마나 빠르게 내성을 가지는 병균이 대규모로 발생하느냐가 관건이다. 우리의 일상생활에서 제초제보다는 항생물질이 더 친근하기 때문에 항생물질 내성 박테리아의 발생과 그 관련성에 대해 **박스-2**에 제시하였다.

모든 국가는 항생물질 내성 병균의 발생과 확산을 늦추어 항생물질의 사용 가능한 기간을 최대한 늘리기 위해 나라마다 항생제의 오남용에 대한 철저한 관리를 하고 있다. 항생제는 반드시 의사의 처방이 있어야만 구입할 수 있도록 정한 것은 항생제의 오남용을 막아 항생물질 내성 미생물의 발생과 확산을 늦추어 항생물질의 사용연한을 최대한 연장하고자 하는 조치의 일환이다.

항생물질과 마찬가지로 제초제도 오남용하면 제초제 내성 잡초의 발생이 앞당겨질 것이고 조심해서 쓰면 제초제의 유효 사용기간을 어느 정도 늘릴 수 있을 것이다. 다시 강조하지만 잡초가 제초제에 내성이 생기는 것은 잡초의 자연적이고 필연적인 생존전략이고 자연현상이기 때문에, 만능 제초제는 있을 수 없고 단지 내성 잡초의 발생과 확산을 최대한 늦추는 전략이 동원되고 있다.

따라서 농민들이 한 가지 수익성 높은 작물만 재배하지 말고, 제초제도 한 가지만 장기간 사용하지 말고, 작물의 종류와 품종 그리고 제초제를 교대 사용하거나 복수 제초제를 혼합 사용하는 등의 농법을 도입하면 제초제 내성 잡초의 발생과 관련하여 시간을 벌 수 있을 것이다. 농사짓기 쉽고 당장 수익이 높은 한 가지 제초제 내성 GM작물(예, 옥수수, 콩)만을 재배하는 농민들이 영농습관을 바꾸면 새로운 희망이 보일 수 있다. 예를 들어 올 해 글리포세이트 제초제 내성 GM 옥수수를 심었다면 다음 해에는 글루포시네이트 제초제 내성 GM옥수수를 심는 방법이 그 하나의 예가 되는 것이다.

박스 2. 항생물질 내성 박테리아의 출현

항생물질 내성(antibiotic resistance)이라 함은 미생물이 어떤 항생물질에 장기간 노출된 결과로 습득한 항생물질에 견딜 수 있는 능력을 말하는데, 이러한 미생물로 감염되면 해당 항생물질로 감염병 치료가 불가능하다.

항생물질내성 병균이 최초로 발견되었고 또 흔히 발견되는 장소가 항생물질을 많이 사용하는 병원이다. 그리고 미생물은 한 가지 항생물질에만 내성이 있을 수도 있지만, 여러 가지 항생물질에 내성이 생길 수 있으며 이러한 박테리아를 관용적으로 슈퍼박테리아(super bacteria)라고 부른다.

항생물질내성 박테리아의 출현을 역사적으로 보면 다음과 같다 (Wikipedia).

- 페니실린(penicillin) 1928년 발견. 1942년 양산 시작. 1947년 페니실린 내성 황색포도상구균(*Staphylococcus aureus*) 발견
- 메티실린(methicillin) 1959년부터 사용. 1961년 내성 *S. aureus* 발견. 메티실린 내성 *S. aureus*를 MRSA(methicillin-resistant *S. aureus*)라 부름
- 밴코마이신(vancomycin) 1954년부터 시판. 1996년 내성 *S. aureus* 발견. 이런 박테리아를 VRSA(vancomycin-resistant *S. aureus*)라 부름
- MRSA에 치료효과가 있는 리네조이드(linezoid) 1990년부터 사용 시작. 2003년 내성 *S. aureus* 발견

항생물질 내성 박테리아 특히 *S. aureus*에 관심이 큰 이유는 이 박테리아가 사람의 피부, 코, 등에 많이 서식하는데, 상처나 외과 수술 부위를 통해 혈액으로 감염되면 면역력이 약한 환자에게는 치명적일 수 있기 때문이다.

어떤 항생물질을 장기간 사용하다보면 미생물(병균)이 그 항생물질에 대한 내성을 획득하므로 새로운 항생물질의 요구는 상존한다. 인류는 인류의 생존을 위하여 새로운 항생물질을 개발하고 있으나, 미생물은 돌연변이라는 자연의 법칙을 통해 항생물질 내성을 획득한다. 따라서 새로운 항생물질이 개발되어 나올 수는 있으나, 어느 것도 최후의 만능 항생물질일 수는 없다.

인류와 미생물의 생존경쟁에서 어느 한 편이 일방적으로 승리하거나 패한다기보다는 끊임없는 생존경쟁이 계속될 것이며, 잡초나 해충과의 생존경쟁도 마찬가지일 것이다.

본 론

제초제 내성 슈퍼잡초의 발생

슈퍼잡초(글리포세이트 내성 잡초)의 발생에 대한 책임이 GM작물을 개발하여 실용화시킨 몬산토 사에 집중된다(Union of Concerned Scientists 2013). 이들의 얘기는 이렇다. 몬산토 사는 1990년대 중반부터 글리포세이트 제초제 내성 라운드업 레디(Roundup-Ready®) GM종자를 시판하기 시작했다. 지금은 라운드업 레디 GM종자의 가지 수가 늘어서 옥수수, 콩, 면화, 카놀라, 알팔파, 사탕무 등이 있다. 반GMO 인사들도 이 종자는 잡초 제어가 용이하여 농사짓기가 편하기 때문에 많은 농민들이 선호한다는 점을 인정한다.

처음 몇 년간은 몬산토 사의 생각대로 결과가 좋았는데, 미국에서 글리포세이트 내성 GM작물의 재배가 급증하기 시작하자, 일시적으로 사용량이 감소하던 전체 제초제 사용량은 증가하기 시작하였다고 주장한다. 그 이유는 잡초에 글리포세이트 내성이 생겨서 글리포세이트 외에도 다른 제초제를 같이 뿌리게 됨으로서 제초제의 총사용량이 증가하기 시작하였다는 주장이다.

이 주장의 사실여부를 떠나, 이것이 사실이라고 가정을 하면 왜 이런 일(제초제 내성 잡초의 발생)이 일어났을까? 그 이유는 간단하다. 미국에서 재배되는 작물 중에서 글리포세이트 내성 GM작물이 주류를 이루므로 글리포세이트 사용은 많아졌고 여러 해 동안 재배하였기 때문에 글리포세이트에 내성을 획득하는 잡초가 생겨날 수 있다(VanGessel 2001). 처음에는 내성 잡초의 빈도가 낮으나 점차 그 빈도는 증가일로에 있다(Frazer 2013)고 한다. 글리포세이트 내성 잡초의 종류가 2005년부터 시작해서 2015년까지 35종에 달한다고 하였으며, 농사를 활발하게 짓는 미국의 거의 모든 주(state)에서 발견되었음은 물론 아르헨티나와 브라질에서도 보고되었다(International Survey of Herbicide Resistant Weeds 2016). 글리포세이트 내성 아마란스(*Amatanthus*) 속(genus) 잡초 2종(*A. palmeri* & *A. tuberculatus*)의 발견이 보고된 주는 33 개로 나타나서 아직 제초제 내성이 전반적인 문제로 대두되지는 않았더라고 향후 내성에 대한 조치는 필요할 것으로 나타났다.

참고로 필자가 2012년 미국 노스 캐롤라이나(North Carolina) 주 마운트 올리브(Mt. Olive)시를 방문하였을 때 글리포세이트 내성 GM콩을 재배하는 콩밭에 글리포세이트 내성 파머 아마란스 잡초가 자라는 현장을 안내받아 관찰한 적이 있었다. 농민들에게 점차 골칫거리라고 하였다.

그러나 GM작물로부터 제초제 내성 유전자가 잡초로 이동하여 발생하는 슈퍼잡초의 발생에 대한 의혹과 주장이 본 토론의 관건이므로 이에 대해 설명하고자 한다. GM작물에 도입된 제초제 내성 유전자가 이 작물과 근연관계에 있는 잡초로 이동하면 슈퍼잡초가 탄생될 수 있다는 우려가 나온 지는 오래되었다. 실제로 제초제 내성 GM농작물로부터 제초제 내성 유전자가 근연종의 잡초로의 이동 가능성을 배재할 수는 없다.

카놀라(canola; *Brassica napus*)는 GM종이건 non-GM종이건 관계없이 근연잡초인 *Brassica rapa*와 아주 쉽게 교잡하여 잡종을 만든다. 실제로 제초제 내성 및 해충저항성 GM카놀라(*B. napus*)와 야생잡초인 *B. rapa*와의 교배에 의해 잡종이 실험적으로 만들어졌으며, 이 잡종들을 GM 유전자가 들어있으며 제초제 내성과 해충 저항성을 나타내는 것이 확인되었다(Warwick *et al.* 2003, Jorgensen *et al.* 1996, Hooper 2005, Stewart, Jr. & Wheaton 2003). 물론 GM카놀라 뿐만 아니라, non-GM카놀라도 *B. rapa*와 *B. juncea*사이에서 잡종이 나타났다는 실험결과가 보고된 예가 있다(Bing *et al.* 1996, Hooper 2005). 미국이나 캐나다에 자생하는 *B. rapa*는 카놀라(*B. napus*)와 근연종이기 때문에 (GM)카놀라로부터 잡초인 *B. rapa*로 제초제 내성 유전자가 이동해 들어갈 가능성이 예상되며, 따라서 *B. rapa*가 많은 미국이나 캐나다의 여러 지역에서는 GM카놀라와 근연종 사이의 유전자 이동을 예방하기 위해 GM카놀라를 재배하지 않는다고 한다.

이와 유사한 가능성을 예로 든다면, 야생벼가 자생하는 지역에서는 재배(GM & non-GM)벼로부터, 그리고 야생면화가 자생하는 지역에서는 재배(GM & non-GM)면화로부터, 그리고 테오신테(teosinte; 멕시코가 자생지인데 옥수수의 근연 야생종이며 옥수수의 조상이라고 알려져 있음)가 자생하는 지역에서는 재배(GM & non-GM)옥수수로부터 근연 잡초로 유전자 이동의 가능성이 예상된다. 해바라기나 알팔파도 유사한 케이스를 예상할 수 있다(Stewart, Jr. & Wheaton 2003).

재배 옥수수와 테오신테(*Zea perennis*) 사이에는 여러 가지 유전자 이동 장벽이 있어서, 이 두 종 사이에서는 자연 잡종의 발생이 나타났다는 증거를 아직 찾지 못했다고 한다(Doebley 1990). 방대한 면적에 재배되고 있는 제초제 내성 GM 옥수수, 콩과 면화로부터 잡초로의 유전자 이동이 관심의 대상이지만 (GM)작물로부터 잡초로의 유전자 이동 가능성은 아주 희박한 것으로 알려졌다(Hanson & Kniss 2014). 그에 비해서 해바라기, 밀 그리고 카놀라는 교배 호환성(sexual compatibility)이 높은 잡초가 있으므로 재배작물과 근연잡초 사이의 유전자 이동 가능성은 높은 것으로 나타났다.

잡초와 GM작물 사이에 교잡이 일어나서 GM유전자가 잡초로 이동하려면 일정한 정도 이상의 교배 호환성이 있어야 하고, 후손에게 유전되려면 일정한 정도 이상의 유전체 유사성(genome similarity)이 있어야 한다. 이러한 조건이 맞아 떨어지는 잡초와 GM작물이 꽃가루가 이전될 수 있을 정도의 가까운 위치에 있으면서 개화시기까지 동일하다면 아주 가까운 근연종 사이에는 교잡이 가능하다(Ellstrand *et al.* 1999).

근연종이라고 하더라도 유전체의 구성이 다를 수 있으므로 종간에 유전자가 이동하여 잡종 1세대(F1) 가 만들어진 이후 GM유전자가 (또는 다른 유전자도 마찬가지이지만) 자연상태에서 역교배에 의해 유전체로 이입(introgression)될 가능성은 다르다. 잡종을 이루는 종간의 근연성이 멀어질수록 감수분열할 때 염색체의 차이점(meiotic abnormalities)으로 인해(Mendes-Bonato *et al.* 2001) 유전질의 이입율은 감소하거나 이입자체가 불가능할 수 있다. 예를 들어 염색체 수가 다르면 감수분열할 때 염색체의 짝이 이루어지지 않아 정상적인 염색체 분리가 되지 않아 생식세포를 만들지 못한다. 따라서 최초의 잡종이 만들어졌다고 해서 (GM)유전자가 잡초로 이행된다고 할 수는 없다(Wikipedia, 2016b). 그리고 감수분열이 일어나는 과정에서 상동 염색체끼리가 아닌 서로 다른 염색체와 짝을 이루게 되면 염색체가 소실될 수가 있고, 그렇게 되면 불임이 나타나거나 종자 형성률이 매우 낮아진다.

근연관계가 먼 종끼리의 교잡에 의해 생긴 잡종의 염색체 구성(configuration)이 불안정하므로 외부 DNA가 핵 내로 들어가게 되는 형질 전환율이 감소된다. 역으로 근연관계가 가까운 종끼리의 교잡에 의해 생긴 잡종은 종자 생산이나 꽃가루 생식력 등이 모계종과 거의 유사하게 유지된다. 근연관계가 가까운 경우 종간의 교잡 장벽이 낮기 때문에 (GM)유전자의 유전질 이입이 일어날 가능성이 높다.

그런데 제초제 내성 카놀라는 GM카놀라도 있지만 자연적으로 제초제 내성을 획득한 종도 있을 수 있다. 제초제를 이미 장기간 사용해왔기 때문에 자연적으로 제초제 내성을 획득한 non-GM잡초도 이미 존재할 수 있다.

제초제 내성 잡초가 생기는 것은 감염질병을 치료하기 위해 항생제를 장기간 사용하다보면 필연적으로 생기는 항생제 내성 병원균이 출현하는 것과 마찬가지라는 설명을 했다. GM작물이 아닌 일반 작물이나 잡초에 제초제 내성 발생의 원인은 유전자의 돌연변이 때문이다(Jasieniuk *et al.* 1996). 식물의 효소(예, acetohydroxy acid synthase) 한 개의 아미노산 서열이 변경되는 돌연변이가 생기면 여러 가지 제초제에 내성이 생긴다는 보고(Jung *et al.* 2004)를 봐도 단순한 자연 돌연변이를 통해 식물은 제초제 내성이 될 수 있다. 그 이유는 많은 제초제(Liberty®, Pursuit®, Beacon® 등)가 대부분 아미노산의 합성에 관여하는 효소 1개씩을 저해하여 잡초를 죽이기 때문이다.

이와 같이 제초제 내성을 획득한 잡초는 처음에는 숫자가 아주 적지만, 같은 제초제를 반복 사용하는 환경에서는 제초제 내성 잡초의 수가 많아지게 되고 이러한 사이클이 반복되면 계속해서 사용하던 제초제는 점차 효과를 보지 못하게 된다. 지난 40 여 년간 제초제에 내성을 가지는 잡초가 계속 나타나고 있고, 여러 제초제에 내성을 가지는 소위 '슈퍼잡초'도 나타나고 있는 것으로 알려졌다(Hanson & Kniss 2014).

이와 같은 제초제 내성의 발생에 대해, Hanson & Kniss (2014)는 잡초를 제어하기 위해 화학물질인 〈제초제〉에만 의존하지 말고, 작물 로테이션, 땅 갈아엎기, 잡초 뽑기, 잡초 씨를 자연으로 되돌리지 말고 따로 받아서 죽이기 등의 방법을 동원하면 제초제 내성 잡초 발생과 확산을 늦출 수 있다고 하였다.

그러나 현실적으로 슈퍼잡초라는 것은 없으며(Hooper 2005) 어느 한 가지 제초제에 내성인 잡초는 있는데 이는 한 가지 제초제를 장기적으로 반복 사용했을 때 나타나는 자연 적응의 결과라고 하였다. 글리포세이트 내성 GM작물을 재배하는 세계 각 지역에서 글리포세이트 내성 잡초가 발생하였다는 보고가 많은데 전반적인 문헌조사 결과는 다음과 같이 요약된다.

카놀라의 경우 제초제 내성 GM작물과 근연관계에 있는 잡초가 교잡을 통한 제초제 내성 유전자 이동으로 인한 ⓐa형 슈퍼잡초의 발생증거가 보고되며(Ellstrand *et al.* 1999; Warwick *et al.* 2003) 교잡은 물론 유전자 이입까지 되어 후대에 유전될 수 있는 경우도 있다고 하였다(Ellstrand *et al.* 1999), 이는 GM 카놀라로부터 제초제 내성 GM유전자가 근연 잡초로 이동하여 발생한 것으로 인정된다. 서로 다른 *Brassica* 종끼리의 교잡은 가능하나 교잡종(hybrid)이나 교잡종의 후세대는 생존활성이 약하고 불임성이 높기 때문에 자연에서 생존하지 못한다고 하였다(Scheffler & Dale 1994). 그 외 모든 제초제 내성 잡초는 한 가지 제초제를 장기간 반복적으로 사용한 지역에서 자연적인 환경적응에 의해 발생한 ⓐb형 (슈퍼)잡초로 판단하는 것이 적절하였다.

제초제의 반복사용에 의해 잡초가 내성을 습득할 수 있는데, 내성 잡초의 발생을 지연시키기 위해 GM작물에 한 개의 제초제 내성 유전자만을 도입하는 대신 복수의 제초제 내성 유전자를 도입함으로써 제초제 내성 잡초의 발생을 지연시킬 수 있다(ISAAA 2016). 예를 들면 한 작물에 글리포세이트에 내성을 주는 *EPSPS* 유전자와 글루포시네이트(glufosinate)에 내성을 주는 *PAT* 유전자를 도입하여 피라미드(pyramid) GM작물을 개발하는 것이다. 이미 상업적 생산이 시작된 SmartStax®가 한 예이며, 이 GM옥수수 품종은 해충에 대해서도 피라미드 GM작물이다.

해충 내성 슈퍼잡초의 발생

해충 저항성 GM작물로부터 잡초로 Bt유전자의 전달로 인한 해충 내성 잡초의 발생에 대해 검토해보고자 한다. 해충 내성 잡초의 경우에도 어떤 특정한 해충이 어느 한 곳에 매우 많아서 어떤 잡초를 모두 먹어치울 환경이라면 해충 저항성 유전자를 가지고 있는 잡초는 생태학적으로 유리한 상황에 처하게 될 것이다. 그러나 잡초의 특성에 대해 앞에서 이미 언급한 바와 같이 잡초는 적응력과 생식력이 왕성하여 해충에 별로 민감하지 않다. 일반 잡초가 100% 해충 저항성은 아니니까 Bt유전자가 도입되었을 때 Bt에 의해 제어가 가능한 해충(전체 해충 중 아주 적은 %)으로부터 약간의 보호 작용은 있을 것이 예상된다. 잡초가 Bt유전자를 갖게 되었다는 것을 가정하면, 약 5% 정도의 생존 적응력 향상 효과가 있을 것이라는 추정 연구보고가 있었다(Ellstrand *et al.* 1999).

그러나 앞에서 언급했듯이 해충 저항성 GM작물로부터 잡초로 Bt유전자가 이동할 가능성은 현실적으로나 이론적으로 없다. 이 사안에 대해서 우려나 문제를 제기하는 사람은 없다.

Bt 내성 슈퍼해충의 발생

Bt 농작물을 개발하여 상용화되었을 때 많은 사람들이 우려한 것은 Bt에 내성을 가지는 해충(superbug)이 발생하면 농작물에 피해를 줄 것이라는 가정이었다. 실제로 그러한 우려가 현실로 나타났다고 미국의 월 스트리트 저널(Wall Street Journal, 2011년 8월 29일자)(Kilman, 2011)이 '몬산토 사의 옥수수가 해충 저항성을 잃다'('Monsanto corn plant losing bug resistance')라는 제목 하에 기사를 내보냈다. 미국 중서부 옥수수재배벨트 내 아이오와(Iowa)주에서 Bt 내성 해충이 발견된다는 소식이었다. 기사에 따르면 아이오와 주에 있는 4곳의 옥수수농장에서 Bt 내성 옥수수뿌리벌레(Western corn rootworm)가 발견되었다고 전했다. 내성 문제가 광범위하게 번진 것은 아니지만 앞으로 신경을 써야 할 문제라고 지적한데 대해 몬산토 사는 현재 Bt 옥수수는 의도한 대로 효과가 좋아 99% 이상의 재배지에서 잘 이용되고 있으며, 이번 아이오와 대학에서 연구한 내용이 농민들에게 어떤 영향을 미칠지를 예단해 말하는 것은 시기상조라고 언급하였다.

옥수수뿌리벌레 저항성 Bt GM옥수수 종자는 몬산토 사가 Cry3Bb1유전자를 도입하여 개발하였고 2003년에 최초로 상품화하였다. 미국에서 재배되는 옥수수의 1/3이 이 유전자를 가지고 있을 것이라는 추정이 있다. GM옥수수가 개발되기 전에는 농민들이 옥수수와 콩을 번갈아 배재하는 등의 방법을 통해 벌레의 발생을 저지해왔으나, GM작물이 개발되어 농사일이 용이해지고 옥수수의 가격이 좋아지자 농민들이 해충 저항성 Bt 옥수수를 많이 재배하면서 Bt 내성 뿌리벌레의 발생을 촉진시킨 것으로 해석되었다.

아이오와 주에서와 같은 내성 뿌리벌레가 일리노이(Illinois) 주에서도 발견되었고, 이에 대해 미국 정부는 GM옥수수 농사를 짓는 농민들에게 내성 발생에 대해 주의를 기울일 것을 당부하면서, non-GM옥수수 레퓨지(refuge)를 GM옥수수 재배 면적의 20%가 되도록 만들어서 내성 습득 뿌리벌레끼리의 교배가능성을 가능한 한 낮추자고 권고하였다.

그런데 앞에서 언급했듯이 병균을 죽여 사람이나 동식물의 감염질병을 치료하기 위해 사용하는 항생물질에 필연적으로 내성 병균이 생기는 것과 마찬가지로, 해충도 돌연변이를 통해 진화해서 Bt와 같은 살충제에 내성을 가지게 된다. 우리가 항생물질 내성 병균의 발생이 두려워 항생물질을 사용하지 않을 수는 없다. 단, 오남용을 경계하여 내성균의 출현을 더디게 할 따름이다. Bt 내성 해충이 생겨나서 그 숫자가 많아지면 Bt의 효용성은 없어지고 Bt 작물은 쓸모가 없어지게 될 것이지만, 이것은 어디까지나 가상적인 하나의 시나리오일 뿐 지금 그러한 상황은 아니다.

병균들이 어떤 항생물질에 내성이 생겨서 질병치료에 효과가 없어진다면, 사람들은 다른 기작으로 병균을 죽일 수 있는 항생물질을 개발하여 사용한다. 이것과 마찬가지로 기존 해충 내성 GM작물에 내성 해충이 발생하여 효용 가치가 없어지면 새로운 기작으로 해충을 죽일 수 있는 신품종을 개발하여 대비할 것이므로, Bt 내성 해충이 생기는 것이 종말이 아니라 새로운 시작일 뿐이며, 창의적인 사람에게는 좋은 기회일 수도 있다.

Bt 내성 해충 발생의 원인은 유전자의 돌연변이 때문이다. 예를 들면 옥수수벌레의 배 속에 있는 Bt단백질 리셉터 구조에 변형을 유발하는 돌연변이가 생기면 해충의 리셉터가 Bt단백질과 결합하지 못하기 때문에 Bt가 있어도 옥수수벌레가 죽지 않게 된다(Noonan & Namuth 2016). Bt 내성인 조명충나방(ECB; European Corn Borer)은 발견되지 않으나, Bt 내성 옥수수뿌리벌레는 발견되고 있다(Gassman *et al.* 2011, 2012, 2014).

이 뿌리벌레는 Cry3Bb1 독소 단백질에는 내성이 있지만 다른 Bt 독소인 Cry34/35Ab1과 mCry3A에는 내성이 생기지 않은 것으로 알려져 있다.

유전자의 돌연변이는 그 원인이 다양한데, 예를 들면 자외선이나 방사선 조사, DNA복제과정 중의 자연적인 실수, 또는 화학물질 등에 의해 발생할 수 있다. 그러나 해충이 어떤 원인으로 돌연변이가 일어났는지는 알 수가 없다.

Bt 내성 해충 발생 지연 전략

Bt 내성 해충의 발생을 지연시키기 위해 Bt GM작물 개발 초기부터 레퓨지 전략이 활용되어 큰 성과를 보고 있다. 그리고 한 개의 Bt유전자가 도입된 GM작물(single trait Bt crops)보다 작물보호 효율성을 높이고 내성 해충의 발생 가능성을 낮추기 위해 두 개 이상의 Bt유전자를 도입한 스택(stack)종(multiple trait Bt crops)이 개발되었다. 따라서 먼저 복수 Bt 유전자를 도입한 스택/피라미드 GM 작물의 활용을 언급하고 이어서 레퓨지의 활용에 대해 설명하고자 한다.

스택/피라미드 GM작물

스택 GM종의 예를 들면 제초제 글리포세이트 내성 GM옥수수(NK603)와 해충 저항성 GM옥수수(MON810)를 교배하여 얻은 NK603 x MON810 옥수수 품종이 있다. 이 스택 품종은 글리포세이트 제초제와 해충에 저항성을 갖는다. 이와 같이 한 작물 품종에 두 개(또는 그 이상)의 외부 유전자를 '합쳐서 넣은(combined)' 결과물은 스택(stack) GM작물이라는 전문용어로 불린다. 스택(GM stack)을 만드는 방법은 GM작물(single or multiple trait GM crop)에 또 다른 유전자를 유전자 재조합기술에 의해 추가 도입하거나 두 개 이상의 GM종을 교배하여 만들 수 있다(Halpin 2005, De Schrijver *et al.* 2007, ISAAA 2016).

많은 사람들이 스택(stack)이라는 용어와 피라미드(pyramid)라는 용어를 구별 없이 쓰기도 하는데(ISAAA 2016, De Schrijver *et al.* 2007), 피라미드(pyramid)를 스택(stack)과 구별해서 사용하는 저자들도 있다(Storer *et al.* 2012). 이들은 어떤 한 종류의 해충에 대해 작용기작이 다른 두 개 이상의 유효 유전자를 도입한 경우에 한정해서 피라미드라고 정의하였다. 예를 들면 Cry1F와 Cry1Ac 단백질을 생산하도록 만든 GM면화 품종 Widestrike®는 담배싹벌레(tobacco budworm; *Heliothis virescens*)와 볼웜벌레(ballworm; *Helicoverpa zea*)에 대해서는 피라미드이지만, *Pectinophora gossypiella*에 대해서는 피라미드가 아니라고 하였다. 그 이유는 Cry1F는 이 해충(*P. gossypiella*)에 대해 저해활성이 없기 때문이다. 따라서 이 정의에 따르면 피라미드는 스택과 동의어라기보다는 스택의 범주 안에 드는 좁은 의미의 스택이라고 할 수 있다.

피라미드 종자를 사용하면 Bt 내성 해충의 발생을 현저히 지연시킬 수 있을 뿐만 아니라 레퓨지의 사이즈를 작게 해도 되기 때문에 농민들에게는 이득이 된다. 따라서 2006년 이후 미국에서 등록되는 신 GM품종은 한 유전자 품종(single trait GM crop)에서 복수 유전자 품종(multiple trait GM crop)으로 큰 변화가 이루어졌다고 하였다(Storer *et al.* 2012).

3개의 Bt 유전자가 도입된 GM품종으로 Dow AgroSciences가 개발한 PowerCore®(*Cry1A.105* + *Cry2Ab2* + *Cry1F*)가 있고, 다우 아그로사이언스(Dow AgroSciences)사와 몬산토 사가 합작하여 PowerCore®에 *Cry3Bb*와 *Cry34/35Ab1*을 추가하여 5개의 Bt 유전자를 도입한 Smartstax®가 있다. Smartstax®에는 복수의 제초제(글리포세이트와 글루포시네이트) 내성 유전자도 도입되어 있다. Bt유전자 한 개만을 도입한 옥수수의 경우 레퓨지는 Bt 옥수수 재배면적의 20%를 적용하도록 되어 있지만, Smartstax®옥수수 품종과 같은 피라미드 GM작물을 재배할 때는 5% 룰이 적용된다(Noonan & Namuth 2016).

레퓨지의 활용

레퓨지란 Bt에 내성이 없는 해충이 살 수 있도록 non-Bt 작물을 심는 장소를 말한다. 레퓨지에는 살충제를 전연 안 뿌릴 수도 있고 어느 정도만 뿌릴 수도 있다. 레퓨지의 디자인은 **그림** 1과 같은 예가 있는데, 종자를 혼합하여 파종하는 방법(seed mixture; non-structured refuge)과 Bt와 non-Bt 파종구역을 나누는 방법(structured refuge; 구역 레퓨지)이 있다(Siegfried & Hellmich 2012).

구역을 나누어 물리적으로 구분하여 GM작물을 심은 장소와 non-GM작물을 심는 장소를 별도로 만들 때, 레퓨지 규모는 내성발생 가능성에 따라 GM작물 파종 면적의 5-20%를 배정한다(Noonan & Namuth 2016). 미국 옥수수 벨트에서는 레퓨지 20%를 표준으로 권장하고 있다. Bt 면화를 재배할 때는 레퓨지를 Bt 재배 면적의 4% 이상으로 할 것을 규정하고 있으며, 4%의 레퓨지를 활용하면 담배싹벌레(*Heliothis virescens*)의 경우 Bt 면화의 효용기간은 10년 정도가 될 것이라고 추정하였다(Gould 1986; Gould *et al.* 1997). 옥수수뿌리벌레 나방이 교배할 때 약 800미터(1/2 마일) 정도 또는 그 이상까지도 날아가기 때문에 옥수수 레퓨지의 위치는 800 미터 이내에 두도록 권장하고 있다.

레퓨지의 다른 한 방법은 '물리적 장소 구분을 하지 않고 Bt 저항성 GM종자에 non-Bt종자를 10% 되게 혼합하여 파종하는 방식(non-structured refuge)이 있으나 이 방법은 과거 미국에서 별로 권장되는 방법이 아니었다(Siegfried & Hellmich 2012). Bt종자와 non-Bt종자의 혼합 파종 방법은 따로 레퓨지를 만들지 않아도 되기 때문에 일손이 덜 들며 내성해충과 비내성해충 사이에 무작위 교배가 용이한 장점이 있지만, Bt 옥수수와 non-Bt 옥수수 사이에 교차 수분이 일어날 가능성이 있고 Bt 옥수수를 먹었으나 죽지 않은 애벌레가 non-Bt 옥수수로 옮아가서 회복되는 경우 내성을 높이는 계기가 될 우려가 있다는 단점이 지적되었다(Siegfried & Hellmich 2012).

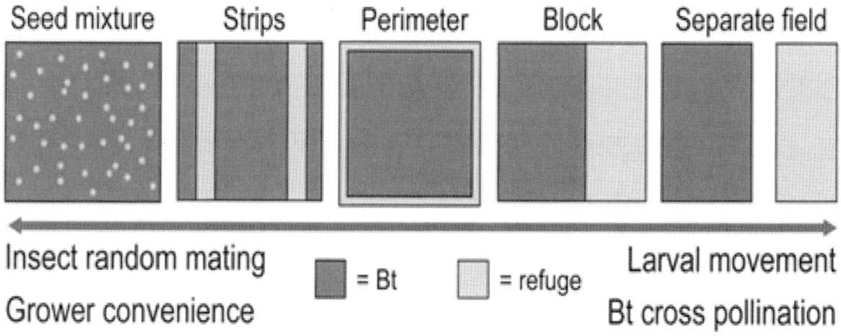

그림 1. 레퓨지의 구성도와 각 방법의 장단점

(Adapted from Siegfried & Hellmich 2012)

레퓨지는 어떻게 작용하나?

레퓨지를 두는 목적은 Bt 내성 해충의 발생과 확산을 지연시키는 방법의 일환이다. 그 생물학적 배경은 Bt 내성 해충끼리 교배하는 것을 방지하고 Bt 내성 해충이 다른 Bt 비내성 해충과 교배하도록 유도하는 것이다. Bt에 내성이 있는 해충끼리 교배하면 여기서 태어난 새끼해충들이 모두 Bt 내성이 되기 때문에, Bt 내성 해충이 Bt 비내성 해충과 교배하여 Bt 내성이 없는 해충이 생기도록 유도하여(Gould *et al.* 1997; McGaughtey & Whalon 1992), 해충이 Bt에 내성화되는 전파속도를 느리게 하자는 전략이다. 이 방법의 효과는 레퓨지의 크기, 디자인, 살포하는 살충제의 양, 해충의 이동속도 등에 따라 달라질 수 있다. 참고로 지금까지 보고된 Bt 내성 돌연변이 유전자는 열성인 것으로 알려져 있기(Understanding Evolution 2016, Noonan & Namuth-Covert 2016, Siegfried & Hellmich 2012, Bt Cotton Group of The University of Arizona 2003) 때문에 이 레퓨지 방법이 유용한 것이다.

이에 대한 설명은 사람을 예로 들어 설명하면 쉽다. 유전자는 우성과 열성 유전자가 있다는 것을 우리는 잘 알고 있다. 그리고 우리(사람)는 염색체를 두 쌍씩(23 x 2) 가지고 있고, 그 중 한 세트(23개)는 부친에게서 받고 다른 한 세트(23개)는 모친에게서 받아 그것이 합쳐지면 23 x 2 즉 46개의 염색체를 가지게 된다. 염색체의 수는 생물에 따라 다르지만 해충이나 사람이나 염색체를 두 쌍씩 갖는 것은 동일하다. 염색체에는 생명유지에 필요한 유전(인)자가 들어있는데, 부친과 모친으로부터 받은 염색체에 들어있는 유전자가 대부분은 같으나 돌연변이 등의 원인에 의해 일부 다를 수 있고, 이 서로 다른 유전자가 우성과 열성으로 구분될 수 있다.

사람의 혈액형유전자를 예로 들어 설명하고자 한다. 혈액형의 'o' 유전형질은 열성이고 'A'와 'B'는 언제나 우성이다. 아래 (**예 1**)에서처럼 양친 중의 하나가 oo(혈액형 O형으로 나타남)이고 다른 한 쪽이 Ao(A는 o에 비해 우성이므로 혈액형은 A형으로 나타남)이면, 그 자손은 Ao 또는 oo형이 가능하므로 자손의 혈액형은 A형이나 O형이 나온다. 양친으로부터 받은 혈액형 유전자가 둘 다 열성인 oo일 때만 O형 혈액형으로 나타나므로, 아래와 같이 A형 어머니가 Ao가 아니고 AA 유전형이면 그 자손에서 O형 자손은 나오지 않는다.

예 1) O형 아버지와 A형 어머니 자손의 가능한 혈액형 유전자 조합

① O형(oo) x A형(Ao) ⇒ oA oo oA oo
(50%는 O형, 50%는 A형)

② O형(oo) x A형(AA) ⇒ oA oA oA oA(모두 A형)

* 혈액형이 O형이려면 혈액형유전자 두 개가 모두 열성인 'oo'이어야 한다. 그리고 o 유전형질은 열성이기 때문에 oA는 A형 혈액형을 나타낸다.

해충의 Bt 내성에서도 이와 같은 유전현상이 나타난다. Bt 내성 유전자(r)가 비내성 유전자(S)에 대비해 열성이다. 다행이다. 그래서 (**예 2**)에서처럼 열성인 Bt 내성 유전자 2개(rr)를 부모해충으로부터 물려받아야만 Bt에 내성인 해충이 생긴다. Bt

내성 해충(rr)이 Bt 내성이 없는 해충(rS 또는 SS)과의 교배는 두 가지 케이스가 가능하다(**예** 3).

예 2) Bt 내성 어미해충끼리의 교배에 의한 새끼해충의 유전자 조합

① 내성(rr) x 내성(rr) ⇒ rr rr rr rr
(모두 Bt 내성 발생)

* Bt 내성 유전자는 열성이기 때문에 유전자 두 개가 'r' 즉 rr이어야 Bt 내성이 된다.

예 3) Bt 내성 해충과 비내성 해충의 교배에 의한 새끼해충의 유전자 조합

① 내성(rr) x 비내성(SS) ⇒ rS rS rS rS
(새끼해충 모두 비내성)

② 내성(rr) x 비내성(rS) ⇒ rr rS rr rS
(새끼해충 50% 내성)

* 열성인 Bt 내성 유전자(r)와 우성인 Bt 비내성 유전자(S)를 가지는 새끼 해충은 Bt 비내성이 된다.

Bt 비내성 해충끼리 교배해도 **예** 4)의 ②에서와 같이 내성 해충 rr은 발생할 수 있다. 따라서 실용적인 한도 내에서 레퓨지를 크게 만들어 비내성(SS) 해충의 수를 늘리면 SS 해충이 어떠한 유전형질을 가진 해충과 교배하더라도 Bt비내성 새끼해충만 나오므로 작물보호 효과가 좋아진다.

예 4) Bt 비내성 해충끼리 교배에 의한 새끼해충의 유전자 조합

① 비내성(SS) x 비내성(SS) ⇒ SS SS SS SS
(새끼해충 모두 비내성)

② 비내성(rS) x 비내성(rS) ⇒ rr rS Sr SS
(새끼해충 25% 내성)

③ 비내성(SS) x 비내성(rS) ⇒ Sr SS Sr SS
(새끼해충 모두 비내성)

Bt GM작물 재배지에 Bt 내성 해충이 발생하였을 때 이 Bt 내성 해충이 GM작물 재배지에서 Bt내성 해충끼리 교배하면(**예 2)** 모두 Bt내성 새끼해충을 낳는 반면에, Bt내성 해충이 레퓨지로 이동하여 거기에서 번식하고 있는 Bt 비내성 해충과 교배하면(**예 3)** Bt 내성 해충의 수(%)가 줄어들게 되어 Bt 내성 GM작물을 보호할 수 있다. (**예 4)**에서 예시된 바와 같이 Bt 비내성이라고 하더라도 rS인 해충이 rS 끼리 또는 rr과 교배하면 Bt 내성 해충이 발생할 수 있다.

따라서 Bt 비내성 유전자만을 가진 SS 유전형 해충이 많아야 우수한 레퓨지 효과를 볼 수 있는데, 옥수수 재배 시에 바람직한 비율은 SS형 해충의 수가 다른 유전형(rr & rS) 해충의 합의 500배 이상일 때라고 했다(Siegfried & Hellmich 2012). 옥수수에 한 가지 Bt만 도입된 것이면 20% non-Bt 레퓨지를 유지하고, 2가지 또는 그 이상의 Bt 유전자를 도입했다면 5%까지 낮추어도 효과를 볼 수 있다.

Bt 유전자 하나보다는 2개 이상을 도입한 피라미드 GM작물이 해충 방제효과가 뚜렷하게 좋은 이유는 Bt유전자 하나만

도입한 경우에 비해 2개 이상의 도입유전자에 대해 Bt내성이 동시에 발생 확률이 아주 낮기 때문이다(Noonan & Namuth 2016). 초기에 상업용으로 생산되는 GM종자 중에는 유전자 한 개만 도입한 것이 대부분이었지만, 지금은 두 개 이상을 도입한 것이 많이 소개되고 있다.

전체적으로 피라미드 GM종자를 도입하고 적절한 넓이의 레퓨지를 활용함으로써 조명충나방(애벌레) 등 해충의 Bt 내성 발생을 효과적으로 지연시킬 수 있다는 사실이 실제로도, 그렇고 모델을 활용해서도 확인되었다(Bourguet *et al.* 2005, Tyutyunov *et al.* 2008, Gassman *et al.* 2009, Storer *et al.* 2014, ISAAA 2016)

결 론

무엇이 문제인가? 개발자(몬산토)? GMO?

① 제초제 내성 슈퍼잡초의 발생과 확산

GM작물에 대해 혹독한 비판을 삼가지 않는 대표적인 반 GMO과학자들이 다음과 같은 결론을 내렸다(Union of Concerned Scientists 2013). 글리포세이트 내성 잡초(슈퍼잡초)의 발생이 문제로 대두된 데에는 미국 농민들이 글리포세이트 내성 GM작물의 편익성에 빠져서 다른 유용한 농사법을 쓰지 않은 문제점이 있었고, 미국 연방정부의 농업 및 생물연료 정책이 농민들로 하여금 한 가지 작물(예, 글리포세이트 내성 옥수수)을 집중적으로 재배하도록 간접적으로 유도한 문제점이 있었다고 지적하였다.

따지고 보면 슈퍼잡초 발생은 GM작물의 문제점이 아니고 글리포세이트의 문제점도 아니며, 단지 많은 농민들이 농사짓기 쉽고 수익성이 높은 〈성공적인〉 GM작물을 선택한 결과의 부작용으로 봐야 할 것이다.

많은 잡초가 글리포세이트에 내성이 생겨서 글리포세이트가 제초제 역할을 하지 못하게 된다고 가정하면, 글리포세이트 제초제와 글리포세이트 내성 GM품종이 쓸모없어지는 것을 빼고는 다른 큰 문제는 없다. 농민들은 종자를 바꾸면 되고, 개발사는 그런 사단이 벌어지기 전에 다른 기작으로 작용하는 제초제를 개발할 것이고, 그것을 바탕으로 새 품종을 개발하는 것도 당연하다. 이것이 기업의 생존방법이기 때문이다.

글리포세이트 내성 GM작물을 재배하는 지역에서 글리포세이트 내성 잡초가 발생하기는 했으나 아직까지 GM작물의 효용가지치가 없을 정도로 확산된 것은 아니다. 글리포세이트 내성 잡초의 발생과 확산에 대해 누구보다 더 긴장하고 있는 쪽은, 그 사태와 관련하여 이해관계가 걸려있는 글리포세이트 내성 GM작물 개발사일 텐데 개발사를 제치고 전혀 다른 사람들이 글리포세이트 내성 잡초의 발생에 대해 우려하는 것은 그 이유를 알 수 없다. 글리포세이트 내성 GM작물 개발 생명공학회사(몬산토)는 다른 생명공학회사(다우 아그로사이언스)와 연합하여 글리포세이트 제초제와 함께 상대회사의 제초제인 글루포시네이트 제초제 내성 유전자를 동일 GM작물에 넣어 피라미드 GM작물을 개발하여 시판 중이다.

잡초가 한 가지 제초제에 내성을 획득할 가능성이 예를 들어 10^6 잡초에 하나라고 한다면 두 가지 제초제에 내성을 획득할 가능성은 10^6 x 10^6 즉 10^{12} 중에 하나가 되기 때문에 제초제 내성 수퍼잡초의 발생 가능성은 지극히 낮게 통제될 수 있는 것이다. 피라미드 GM작물의 높은 효용가치가 여기에 있다. 이 전략은 해충의 Bt 내성에도 동일하게 적용된다.

② Bt 내성 슈퍼해충의 발생

Bt 내성 해충의 발생도 제초제 내성 잡초의 발생과 마찬가지이다. Bt 작물이나 Bt 살충제를 장기간 집중적으로 사용하다보면 이에 적응해서 내성을 획득한 해충이 나타나는 것은 피할 수 없는 자연적인 현상이다. Bt에 내성을 가진 해충의 종류와 수가 많아져서 Bt가 쓸모가 없어지면, 다른 과학적인 새로운 방법이 그 자리를 채우게 될 것이다. 내성이 나타나는 자연적인 현상을 느리게 나타나게 해서 현재 사용하고 있는 살충제의 유효 사용기간을 늘리고자 하는 것이 우리가 사용할 수 있는 몇 가지 가능한 방안 중 가장 손쉽고 현실적인 방안의 하나이다.

현재 효율적으로 사용되는 방법이 피라미드 GM작물과 레퓨지의 활용이다. 언젠가는 Bt 내성 해충의 발생과 광범위한 확산으로 인해 Bt GM작물의 효용성이 사라질 것이 예상되지만, 그 시기의 도래를 최대한 지연시키고자하는 전략과 수행은 성공적이라고 할 수 있겠다.

③ 누가 우려하나?

제초제 내성 잡초 또는 살충제 내성 해충의 발생문제를 통제하는데 효과적으로 기여할 수 있는 주체(사물, 개인이나 집단)는 개발사도 아니고 GMO 자체도 아니고 영농방법 선택의 키를 쥐고 있는 농민들이다.

농민들이 어떠한 좋은 이유, 특히 경제성 때문에 우수한 제초제 내성 및 해충 저항성(Bt) GM종자를 선택하는 것에 대해, 지구의 환경과 생태계를 보호하고 내성 잡초와 해충의 발생을 늦추기 위해 다른 종자를 선택하라고 요구할 수는 없다. 단지 경각심은 불러 일으켜 줄 수 있다고 하겠다. 내가 생업으로 농사를 짓는다고 가정한다면, 제초제 내성 잡초와 Bt 내성 해충의 발생을 지연시키기 위해 가장 수익성 높고 우수한 품종의 선택을 마다할 것인지 생각해본다. 아마도 공익측면보다는 경제적 수익성이 나의 결정을 지배할 것 같다.

지구환경 및 생태계 보호나 제초제/Bt 내성 잡초/해충의 발생에 대해 우려를 표명하는 사람들은 해당 사안에 대해 실질적 이해관계와 잠재적 실행력이 있는 농민들이 아니고, 농업과는 관계가 먼 지식인층인 것은 아이러니하다. 남의 얘기니까 말하기는 쉬우나, 말이 앞서는 사람들은 대개 행동력은 약하다.

결론적으로 특정 제초제 내성 잡초와 Bt 내성 해충의 발생은 대부분의 농민들이 농사짓기 편하고 수익성이 좋은 GM종자만을 선택하는 일종의 단종재배(monoculture)의 결과로 나타나는 현상이다. 농민들의 우수 품종 단종재배 관행은 지난 수천 년 동안 이어져왔다(Saletan 2015)고 한다.

우리 주변에서 단종재배의 대표적인 예로는 캐번디시 종 바나나(Cavendish; *Musa acuminata*)가 있다. 캐번디시는 세계적으로 재배되고 있는 바나나의 대부분을 차지하고 있는데, 캐번디시 바나나를 감염시키는 잎마름병 곰팡이(*Fusarium oxysporum*)가 광범위하게 퍼지고 있기 때문에 캐번디시 바나나 생산이 어느 일순간에 초토화될 가능성에 대해 많은 우려가 있다(Koeppel 2008). 책 〈Banana〉의 저자 쾨펠은 잎 마름병 곰팡이, 박테리아, 바이러스 감염은 물론 기생충과 투구벌레에 이르는 질병으로부터 캐번디시 바나나를 보호할 수 있는 좋은 대책은 GM바나나 종을 개발하는 것이지만 소비자 선택의 문제가 있다고 기술했다. 이제 소비자의 선택만 남아 있다.

문 헌

김민철. [김민철의 꽃이야기] 잡초 그 치열한 생명을 위한 변명. 조선일보. 2016년 06월 02일 http://news.chosun.com/site/data/html_dir/2016/06/01/2016060103601.html?Dep0=twitter&d=2016060103601(2016년 7월 19일 검색)

Bing DJ, Downey RK, Rakow GFW. Hybridizations among *Brassica napus, B. rapa* and *B. juncea* and their two weedy relatives B. nigra and Sinapis arvensis under open pollination conditions in the field. Plant Breeding, 115(6): 470-473(1996)

Bourguet D, Desquilbet M, Lemarie S. Regulating insect resistance management: the case of non-Bt corn refuges in the US. J Environ Manage. 76(3): 210-220(2005)

Branford S. Argentina's bitter harvest, New Scientist. 182(2443): 40-43(Apr. 17, 2004). https://www.newscientist.com/article/mg18224436-100-argentinas-bitter-harvest/

Bt Cotton Group of The University of Arizona. Refuges: How They Work, Theoretically. The University of Arizona.(2003)

Cornell University. Insects Develop Resistance To Engineered Crops. Science Daily (Jun. 18, 2005). http://www.sciencedaily.com/releases/2005/06/050618160339.htm Accessed Jul. 14, 2016.

Doebley J. Molecular evidence for gene flow among Zea species. Bioscience. 40: 443-448(1990)

Ellstrand NC. Prentice HC. Hancock JF. Gene flow and introgression from domesticated plants into their wild relatives. Ann Rev Ecol Sys. 30: 539-563 (1999)

Fraser K. Glyphosate resistant weeds-Intensifying. Farmers USA Weed Resistance, Stratus AG research(25 January 2013). http://stratusresearch.com/blog/glyphosate-resistant-weeds-intensifying Accessed Jul. 14, 2016.

Gassmann AJ, Carrière Y, Tabashnik BE. Fitness costs of insect resistance to *Bacillus thuringiensis*. Annual Review of Entomology. 54: 147-163(2009)

Gassmann AJ, Petzold-Maxwell JL, Keweshan RS, Dunbar MW. Field-evolved resistance to Bt maize by western corn rootworm. PloS one. 6(7): 1-7, e22629 (2011)

Gassmann AJ, Petzold-Maxwell JL, Keweshan RS, Dunbar MW. Western corn rootworm and Bt maize: challenges of pest resistance in the field. GM Crops and Food: Biotechnol Agri Food Chain. 3(3): 235-244(2012)

Gassmann AJ, Petzold-Maxwell JL, Clifton EH, Dunbar MW, Hoffmann AM, Ingber DA, Keweshan RS. Field-evolved resistance by western corn rootworm to multiple *Bacillus thuringiensis* toxins in transgenic maize. Proc Natl Acad Sci. 111(14): 5141-5146(2014)

Gillam C. U.S. Midwestern farmers fighting explosion of 'superweeds'. Reuters (23 July 2014) http://www.reuters.com/article/usa-agriculture-weeds-idUSL2N0PY1G 520140723

Gould F. Simulation models for predicting durability of insect-resistant germ plasm: Hessian fly (Diptera: Cecidomyiidae)-resistant winter wheat. Environ Entomol 15(1): 11-23(1986)

Gould F, Anderson A, Jones A, Sumerford D, Heckel DG, Lopez J, Micinski S, Leonard R, Laster M. Initial frequency of alleles for resistance to Bacillus thuringiensis toxins in field populations of Heliothis virescens. Proc Nat Acad Sci 94(8): 3519-3523(1997)

Hanson B, Kniss A. Dispelling common misconceptions about superweeds. WSSA Fact Sheet(2014)

Hooper R. Claims of GM-field superweed are dismissed, New Scientist(Jul. 26, 2005) https://www.newscientist.com/article/dn7729-claims-of-gm-field-superweed-are-dismissed/ Accessed Jul. 14, 2016.

International Survey of Herbicide Resistant Weeds. Weeds resistant to EPSP synthase inhibitors (G/9) by species and country (2016) http://www.weedscience.org/Summary/MOA.aspx?MOAID=12

ISAAA. Stacked traits in biotech crops. Pocket K No. 42. http://www.isaaa.org/kc Accessed 09-2016

Jasieniuk M, Brûlé-Babel AL, Morrison IN. The evolution and genetics of herbicide resistance in weeds. Weed Sci. 44: 176-193(1996)

Jørgensen, R. B., Andersen, B., Landbo, L., & Mikkelsen, T. R., Spontaneous hybridization between oilseed rape (Brassica napus) and weedy relatives. In ISHS Brassica Symposium-IX Crucifer Genetics Workshop 407: 193-200(1996)

Jung SM, Li DT, Yoon SS, Yoon MY, Kim YT, Choi JD. Amino acid residues conferring herbicide resistance in tobacco acetohydroxy acid synthase. Biochem J. 383(1): 53-61(2004)

Kilman S. Monsanto corn plant losing bug resistance, The Wall Street J.(Aug. 29, 2011). http://www.wsj.com/articles/SB10001424053111904009304576532742267732046 Accessed Jul. 14, 2016.

Koeppel D. Banana: The fate of the fruit that changed the world. Sterling Lord Literistics, Inc., New York(2008) [역자 김세진. 바나나: 세계를 바꾼 과일의 운명. 이마고. 2010. 7-17]

Laskawy T. First came superweeds; now come the superbugs!, Grist(Mar. 25, 2010) http://grist.org/article/first-came-superweeds-and-now-come-the-superbugs/

McGaughey WH, Whalon ME. Managing insect resistance to *Bacillus thuringiensis* toxins. Science. 258(5087): 1451-1455(Nov. 27, 1992)

Mendes-Bonato AB, Pagliarini MS, Silva N da, Valle CB do. Meiotic instability in invader plants of signal grass *Brachiaria decumbens* Stapf (Gramineae). Acta Scientiarum. 23(2): 619-625(2001)

Molla R. R. The rise of the 'Super Weed' around the world, The Wall Street J(Jun. 23, 2014) http://blogs.wsj.com/numbers/the-rise-of-the-super-weed-around-the-world-1458/

National Institute of Open Schooling(NIOS). Weeds and weed control (2013). http://oer.nios.ac.in/wiki/index.php/Weeds_and_Weed_Control Accessed Jul. 19, 2016.

Noonan B, Namuth-Covert. Effective insect resistance management in Bt corn. Pesticide resistance management. http://passel.unl.edu/pages/printinformationmodule.php?idinformationmodule=1130447167&idcollectionmodule=1130274172 Accessed Jul. 29, 2016.

Saletan W. Unhealthy Fixation: Are GMOs safe? Yes, The case against them is full of fraud, lies, and errors. Slate(2015). http://www.slate.com/articles/health_and_science/science/2015/07/are_gmos_safe_yes_the_case_against_them_is_full_of_fraud_lies_and_errors.html Accessed Jul. 28, 2016.

Scheffler JA, Dale PJ. Opportunities for gene transfer from transgenic oilseed rape(*Brassica napus*) to related species. Transg Res. 3: 263-278(1994)

Siegfried BD, Hellmich RL. Understanding successful resistance management: the European corn borer and Bt corn in the United States. GM Crops and Food: Biotechnol in Agric Food Chain 3(3): 184-193(2012)

Stewart Jr CN, Wheaton SK. Urban Myths and Scientific Facts about the Biosafety of Genetically Modified (GM) Crops. 20: 531 In: Plants, Genes, and Crop Biotechnology, second Ed. Chrispeels MJ, Sadava DE (ed). Jones and Bartlett, Canada (2003)

Storer NP, Thompson GD, Head GP. Application of pyramided traits against Lepidoptera in insect resistance management for Bt crops. GM Crops & Food, 3: 154-162(2012)

Tarter S. Attack of the Superweeds, Journal Star.(Apr. 7, 2009) http://www.pjstar.com/x90676933/Attack-of-the-Superweeds

Tranel PJ. Weeds and weed control strategies. 17: 446-471 In: Plants, Genes, and Crop Biotechnology second Ed. Chrispeels MJ, Sadava DE (ed). Jones and Bartlett, Canada(2003)

Tyutyunov Y, Zhadanovskaya E, Bourguet D, Arditi R. Landscape refuges delay resistance of the European corn borer to Bt-maize: A demo-genetic dynamic model. Theor Popul Biol 74: 138-146(2008)

Union of Concerned Scientists. The Rise of Superweeds and What to do about it, Policy brief. 1-8(Dec. 2013)

Understanding Evolution. Refuges of genetic variation: controlling crop pest evolution(2016) http://evolution.berkeley.edu/evolibrary/article/agriculture_04

VanGessel MJ. Glyphosate-resistant horseweed from Delaware. Weed Sci 49(6): 703-705(2001)

Warwick SI, Simard MJ, Légère A, Beckie HJ, Braun L, Zhu B, Stewart Jr. N. Hybridization between transgenic *Brassica napus* L. and its wild relatives: *Brassica rapa* L., *Raphanus raphanistrum* L., *Sinapis arvensis* L., and *Erucastrum gallicum*(Willd.) OE Schulz. Theor Appl Genet. 107(3): 528-539 (2003)

Wikipedia. Glyphosate. https://en.wikipedia.org/wiki/Glyphosate#Weed_resistance. Accessed Aug. 31, 2016a

Wikipedia. Introgression. https://en.wikipedia.org/wiki/Introgression. Accessed Aug. 31, 2016b

GMO 유해성 논쟁의 실상

저　　자 | **경 규 항**

발 행 처 | 사단법인 미래식량자원포럼
발 행 인 | 유 장 렬
발 행 일 | 초판 1쇄 • 2016년 11월 3일

출 판 사 | 에듀컨텐츠휴피아
출판등록 | 제22-682호 (2002년 1월 9일)
주　　소 | 서울 광진구 자양로 30길 79
전　　화 | (02) 443-6366
팩　　스 | (02) 443-6376
e-mail | huepia@daum.net
web | http://cafe.naver.com/eduhuepia
만든사람들 | 대표 · 이상렬 / 책임편집 · 이지원 변효정 김보경 신수현
디자인 · 김미나 / 영업 · 이순우

정　　가 | **24,000원**
ISBN | **978-89-6356-191-2 (93570)**